SHIYONG FANGXIUYOU PEIFANG YU ZHIBEI 200 LI

实用防锈油配方与制备200例

李东光 主编

化学工业出版社

·北京·

内 容 简 介

本书精选近年来绿色、环保、经济的200种防锈油配方，重点阐述了原料配比、制备方法、产品应用、产品特性等内容，具有原料易得、配方新颖、产品实用等特点。

本书可供从事防锈油配方设计、研发、生产、管理等人员使用，同时可供精细化工专业的师生参考。

图书在版编目（CIP）数据

实用防锈油配方与制备200例/李东光主编. —北京：化学工业出版社，2021.6

ISBN 978-7-122-39016-5

Ⅰ.①实…　Ⅱ.①李…　Ⅲ.①防锈油-配方②防锈油-制备　Ⅳ.①TE626.3

中国版本图书馆CIP数据核字（2021）第078495号

责任编辑：张　艳　　文字编辑：林　丹　苗　敏

责任校对：杜杏然　　装帧设计：王晓宇

出版发行：化学工业出版社（北京市东城区青年湖南街13号　邮政编码100011）

印　　装：涿州市般润文化传播有限公司

710mm×1000mm　1/16　印张12　字数238千字　2021年8月北京第1版第1次印刷

购书咨询：010-64518888　　售后服务：010-64518899

网　　址：http://www.cip.com.cn

凡购买本书，如有缺损质量问题，本社销售中心负责调换。

定　　价：69.00元

前言

据统计，世界上每年因腐蚀、锈蚀原因而不能使用的钢铁制品质量大约相当于金属年产量的10%～20%。金属腐蚀能够造成机器设备的维修增加和提前更换，金属制品的锈蚀则降低了设备的精度和灵敏度，影响设备的使用，甚至造成设备报废。随着经济全球化进程的日益加快，我国企业迎来了国内、国外两个市场的巨大商机，给我国制造装备业带来了空前的发展机遇，但金属锈蚀问题却一直困扰着制造业的产品加工、运输、储存等。腐蚀带来的经济损失相当严重。据资料显示，我国机械行业在锈蚀方面的损失金额占机械工业总产值的7.2%左右。金属锈蚀带来的直接、间接损失不可忽视。

锈是氧和水与金属作用在金属表面生成的氧化物和氢氧化物的混合物，铁锈是红色的，铜锈是绿色的，而铝和锌的锈称白锈。机械在运行和储存中难免与空气中的氧、湿气或其他腐蚀性介质接触，在金属表面发生电化学腐蚀而生锈，要防止锈蚀就得阻止以上物质与金属接触。长期以来，人们为了避免锈蚀、减少损失，采用了各种各样的方法，其中选用防锈剂保护金属制品，便是目前最常用的方法之一。

防锈油是一种超级高效的合成渗透剂，它能强力渗入铁锈、腐蚀物、油污内从而轻松地清除掉锈迹和腐蚀物，具有渗透除锈、松动润滑、抵制腐蚀、保护金属等性能。其还可在部件表面形成并贮存一层润滑膜，可以抑制湿气及许多其他化学成分造成的腐蚀。

为了满足市场的需求，我们编写了本书，书中收集了200种防锈油制备实例，详细介绍了原料配比、制备方法、产品应用、产品特性，旨在为防锈技术的发展做点贡献。

需要请读者们注意的是，笔者没有也不可能对每个配方进行逐一验证，本书仅向读者提供相关配方思路。读者在参考本书进行试验验证时，应根据自己的实际情况本着先小试后中试再放大的原则，小试产品合格后才能往下一步进行，以免造成不必要的损失。

本书由李东光主编，参加编写的还有翟怀凤、李桂芝、吴宪民、吴慧芳、蒋永波、邢胜利、李嘉等，由于编者水平有限，不妥之处在所难免，恳请读者在使用过程中发现问题及时指正。

编者

2021年1月

目录

配方1 工序间薄层防锈油

原料配比

原料	配比(质量份)	原料		配比(质量份)
0#轻柴油	70	十聚甘油单硬脂酸酯		3
过氧单磺酸钾	0.6	防锈助剂		4
油酸聚氧乙烯酯	4	防锈助剂	古马隆树脂	30
烯基丁二酸酯	3		四氢糠醇	4
乙二醇	0.5		乙酰丙酮锌	0.6
4,4′-二辛基二苯胺	1		十二烯基丁二酸半酯	3
环烷酸锌	1		150SN基础油	19
2-氨乙基十七烯基咪唑啉	2		三羟甲基丙烷三丙烯酸酯	3

制备方法

（1）将上述油酸聚氧乙烯酯与烯基丁二酸酯混合，在80～100℃下搅拌10～20min，加入0#轻柴油质量的20%～30%，温度升高到100～120℃，搅拌混合1～2h；

（2）将上述防锈助剂与环烷酸锌混合，在60～80℃下搅拌20～40min，加入过氧单磺酸钾、乙二醇，搅拌均匀，脱水；

（3）将上述处理后的各原料混合，加入剩余各原料，在30～40℃下充分搅拌，过滤出料。

所述的防锈助剂的制备方法：

（1）将上述古马隆树脂加热到75～80℃，加入乙酰丙酮锌，搅拌混合10～15min，加入四氢糠醇，搅拌至常温；

（2）将150SN基础油质量的30%～40%与十二烯基丁二酸半酯混合，在100～110℃下搅拌1～2h；

（3）将上述处理后的各原料混合，加入剩余各原料，100～200r/min搅拌分散30～50min，即得所述防锈助剂。

产品应用 本品主要用于钢、铜、铝、镀锌、镀镉等各种金属制件及其组合件的室内工序间防锈或包装封存防锈。

产品特性 本产品油膜薄，防锈时间长，具有很好的抗湿热和抗盐雾性能。

配方2 金属零件薄层防锈油

原料配比

原料	配比(质量份)	原料	配比(质量份)
乙酸薄荷酯	1	烯唑醇	3
六甲基环三硅氧烷	0.4	偏硼酸钡	0.6
乳酸钙	2	磷酸二氢锌	0.5

续表

原料		配比(质量份)
六甲基磷酰三胺		0.6
单硬脂酸甘油酯		3
抗坏血酸		0.4
亚硫酸氢钠		0.6
棕榈酸钙		0.7
300SN 基础油		80
成膜机械油		4
成膜机械油	去离子水	60
	十二碳醇酯	7
	季戊四醇油酸酯	2
	交联剂 TAIC	0.2
	三乙醇胺油酸皂	3
	硝酸镧	4
	机械油	100
	磷酸二氢锌	10
	28%氨水	40
	硅烷偶联剂 KH560	0.2

制备方法

(1) 将乳酸钙、偏硼酸钡混合，搅拌均匀后加入单硬脂酸甘油酯，在 60～70℃下搅拌混合 3～5min，加入六甲基环三硅氧烷，100～200r/min 搅拌分散 5～10min，加入上述 300SN 基础油质量的 10%～15%，搅拌均匀；

(2) 将烯唑醇、乙酸薄荷酯混合，在 40～50℃下保温搅拌 3～5min；

(3) 将上述处理后的原料加入反应釜中，加入抗坏血酸和剩余的 300SN 基础油，在 100～120℃下搅拌混合 20～30min，加入磷酸二氢锌，温度降低到 80～90℃，脱水，搅拌混合 2～3h；

(4) 将反应釜温度降低到 50～60℃，加入剩余各原料，不断搅拌至常温，过滤出料。

所述的成膜机械油制备方法如下：

(1) 取上述三乙醇胺油酸皂质量的 20%～30%，加入季戊四醇油酸酯中，在 60～70℃下搅拌混合 30～40min，得乳化油酸酯。

(2) 将十二碳醇酯加入去离子水中，在搅拌条件下依次加入乳化油酸酯、交联剂 TAIC，在 73～80℃下搅拌混合 1～2h，得成膜助剂。

(3) 将磷酸二氢锌加入 28%氨水中，搅拌混合 6～10min，加入混合均匀的硝酸镧与硅烷偶联剂 KH560 的混合物，搅拌均匀，得稀土氨液。

(4) 将剩余的三乙醇胺油酸皂加入机械油中，搅拌均匀后加入上述成膜助剂、稀土氨液，在 120～125℃下保温反应 20～30min，脱水，即得所述成膜机械油。

产品应用 本品是一种薄层防锈油，能喷涂、刷涂或浸涂在金属零件上，涂层薄，不粘手，涂油零件不清洗即可装配。

产品特性

(1) 本产品中加入的成膜机械油季戊四醇油酸酯具有优异的润滑性、良好的表面成膜性，与十二碳醇酯共混改性，可以明显提高成品的成膜效果，降低成膜温度，加入的稀土镧离子可以与在金属基材表面发生吸氧腐蚀产生的 OH^- 作用生成不溶性配合物，减缓腐蚀的电极反应速率，起到很好的缓蚀效果。

（2）本产品使用安全，无毒无害，具有优良的抗湿热性能和抗盐雾性能。

配方3 薄层防锈油

原料配比

原料	配比(质量份)			原料	配比(质量份)		
	1#	2#	3#		1#	2#	3#
轻质精制油	66.37	65	67	硬脂酸	0.08	0.06	0.1
防锈复合剂1	10	9.5	11	抗氧复合剂	0.5	0.6	0.42
防锈复合剂2	10	11	9	防锈复合剂4	0.05	0.04	0.08
防锈复合剂3	12	13	11.2	表面活性剂	1	0.8	1.2

制备方法

（1）在反应釜中加入轻质精制油，搅拌；

（2）依次加入防锈复合剂1、防锈复合剂2、防锈复合剂3，继续搅拌25～35min；

（3）依次加入硬脂酸、抗氧复合剂和防锈复合剂4，继续搅拌25～35min；

（4）加入表面活性剂继续搅拌80～120min，得到所述薄层防锈油；

（5）将所述薄层防锈油进行过滤。

原料介绍

轻质精制油为5#白油，为市售产品。

所述表面活性剂为斯盘-80。

所述防锈复合剂1为石油磺酸钡与5#机械油的混合物，其中，石油磺酸钡占混合物总质量的40%，5#机械油占混合物总质量的60%。

所述防锈复合剂2为环烷酸锌与D-70特种溶剂油的混合物，其中，环烷酸锌占混合物总质量的50%，D-70特种溶剂油占混合物总质量的50%。

所述防锈复合剂3为烯基丁二酸与石油磺酸钠的混合物，其中，烯基丁二酸占混合物总质量的10%，石油磺酸钠占混合物总质量的90%。

所述防锈复合剂4为苯并三氮唑与酒精的混合物，其中，苯并三氮唑占混合物总质量的25%，酒精占混合物总质量的75%。

所述抗氧复合剂为抗氧剂T501与轻质油的混合物，其中，抗氧剂T501占混合物总质量的80%，轻质油占混合物总质量的20%。

产品特性

（1）本产品生产工艺简单，由市售原材料调配而成，成本低。采用轻质精制油作为基础油，添加四种防锈复合剂，使用安全，无毒无害，具有优良的抗湿热性和抗盐雾性，能喷涂、刷涂或浸涂在零件上，涂层薄，涂油零件不清洗即可装配。

（2）本产品安全、环保，适用于黑色金属的长期封存防锈，尤适用于需要经过海洋运输及在盐雾环境下周转期长的金属制品的封存防锈，防锈周期达1.5～2年，甚至更长。

配方4 薄层高渗透防锈油

原料配比

原料	配比(质量份)	原料		配比(质量份)
500SN 基础油	80	稀土缓蚀液压油		20
次亚磷酸钠	0.5	稀土缓蚀液压油	聚环氧琥珀酸	2～3
芳樟醇	0.6		正硅酸四乙酯	5
烷基化二苯胺	0.2		磷酸二氢钠	2
聚乙二醇	2		十二烷基硫酸钠	0.8
乙二胺四乙酸	0.6		氧化铝	0.7
二乙基羟胺	2		十二烯基丁二酸	15
己二酸二丁酯	4		液压油	110
松香酸聚氧乙烯酯	0.1		去离子水	80
石油磺酸钙	4		氢氧化钠	3～5
烯基丁二酸酯	1		硝酸铈	3
八角茴香油	0.5		斯盘-80	0.5

制备方法

(1) 将芳樟醇、聚乙二醇混合，搅拌均匀后加入己二酸二丁酯，在50～60℃下搅拌混合3～5min，加入石油磺酸钙，搅拌至常温；

(2) 将上述500SN基础油质量的5%～10%与八角茴香油、烷基化二苯胺混合，在100～110℃下搅拌30～40min；

(3) 将上述处理后的各原料混合，送入反应釜，加入烯基丁二酸酯，充分搅拌均匀，脱水，在80～85℃下搅拌混合2～3h；

(4) 将反应釜温度降低到50～60℃，加入剩余各原料，不断搅拌至常温，过滤出料。

所述的稀土缓蚀液压油的制备方法：

(1) 将磷酸二氢钠与上述去离子水质量的16%～20%混合，搅拌均匀后加入聚环氧琥珀酸，充分混合，得酸化缓蚀剂；

(2) 取剩余去离子水质量的40%～50%与十二烷基硫酸钠混合，搅拌均匀，加入正硅酸四乙酯、氧化铝，在搅拌条件下滴加氨水，调节pH为7.8～9，搅拌均匀，得硅铝溶胶；

(3) 将十二烯基丁二酸与氢氧化钠混合，搅拌均匀后加入剩余的去离子水中，充分混合，加入硝酸铈，在60～65℃下保温搅拌20～30min，得稀土分散液；

(4) 将斯盘-80加入液压油中，搅拌均匀后加入上述稀土分散液、酸化缓蚀剂、硅铝溶胶，在80～90℃下保温反应20～30min，脱水，即得所述稀土缓蚀液压油。

产品特性

(1) 本产品中加入了稀土缓蚀液压油；聚环氧琥珀酸与磷酸盐混合，可以起到很好的协同作用，具有稳定的缓蚀功能；硅铝溶胶可以促进各物料间相容，改善成品的成膜效果；加入的稀土离子可以与在金属基材表面发生吸氧腐蚀产生的OH^-作用生成不溶性配合物，减缓腐蚀的电极反应速率，起到很好的缓蚀效果。

（2）本产品形成的油膜薄，厚度可以小于10μm，易清洗，可实现涂油零件的带油装配。本产品具有良好的渗透性、润滑性，对基材的缓蚀性高。

配方5 苯甲酸铵气相缓释防锈油

原料配比

原料	配比（质量份）
120＃溶剂油	150
二茂铁	1.5
聚异丁烯	5
苯甲酸铵	1.5
苯并三氮唑	1.5
2-氨乙基十七烯基咪唑啉	1.5
三乙醇胺	1.5
二烷基二硫代磷酸锌	3
十二烷基苯磺酸钠	2
二甲基硅油	7
环氧化甘油三酸酯	11
成膜树脂	5.5
改性凹凸棒土	1.5

原料		配比（质量份）
成膜树脂	十二烷基醚硫酸钠	4
	液化石蜡	16
	3-氨丙基三甲氧基硅烷	4
	三乙烯二胺	13
	环氧大豆油	12
	二甲苯	14
	交联剂TAIC	7
	松香	4
	锌粉	3
改性凹凸棒土	凹凸棒土	100
	15%～20%双氧水	适量
	去离子水	适量
	氢氧化铝粉	1～2
	钼酸钠	2～3
	交联剂TAC	1～2

制备方法 首先制备成膜树脂和改性凹凸棒土，然后按配方要求将各种成分在80～90℃下混合搅拌30～40min，冷却后过滤即可。

所述的成膜树脂按以下步骤制成：

（1）将十二烷基醚硫酸钠、液化石蜡、3-氨丙基三甲氧基硅烷、三乙烯二胺、环氧大豆油、二甲苯、交联剂TAIC加入不锈钢反应釜中，升温至110℃±5℃，开动搅拌加入松香、锌粉。

（2）以30～40℃/h的速率升温到205℃±2℃。

（3）当酸值（以KOH计）达到15mg/g以下时停止加热，放至稀释釜。

（4）冷却到70℃±5℃搅匀，得到成膜树脂。

所述的改性凹凸棒土按以下步骤制成：

（1）凹凸棒土用15%～20%双氧水泡2～3h后，再用去离子水洗涤至中性，烘干；

（2）在凹凸棒土中，加入氢氧化铝粉、钼酸钠、交联剂TAC，高速（4500～4800r/min）搅拌20～30min，烘干粉碎成500～600目粉末。

产品应用 本品主要用于武器装备和民用金属材料的长期防锈，特别是密闭内腔系统，对各种金属多有防锈功能。

产品特性

(1) 本气相缓释防锈油既具有接触性防锈的特性，又具有气相防锈的优越性能；本气相缓释防锈油对炮钢、A3 钢、45＃钢、20＃钢、黄铜、镀锌、镀铬等多种金属具有防锈作用。

(2) 该气相缓释防锈油可以广泛应用于机械设备等内腔以及其他接触或非接触的金属部位的防锈。

配方6 柴油发动机燃油系统防锈油

原料配比

原料		配比(质量份)					
		1＃	2＃	3＃	4＃	5＃	6＃
液相防锈剂 A	石油磺酸钡	7.5	—	5.6	—	5.9	5
	合成石油磺酸钡	—	7.5	—	—	—	—
	氧化石油脂钡皂	—	2.6	—	—	—	—
	N-油酰肌氨酸十八胺盐	—	—	2	—	—	—
	二壬基萘磺酸钡	—	—	—	4.5	—	—
	十二烯基丁二酸	—	—	—	1	—	—
	氧化石油脂钙皂	—	—	—	—	1	—
液相防锈剂 B	苯并三氮唑	0.5	—	0.4	—	0.1	0.5
	T551 金属减活剂	—	0.5	—	0.5	—	—
气相防锈剂 A	邻苯二甲酸二丁酯	12	—	—	—	—	—
气相防锈剂 B	辛酸三异丙胺	—	4.5	—	—	—	—
	辛酸三正丁胺	—	—	3	—	—	4.5
	壬酸三正丁胺	—	—	—	4	—	—
	己酸三异丙胺	—	—	—	—	4	—
柴油	－50＃军用柴油	75	77	79	80	81	80

制备方法

(1) 将液相防锈剂 A 和液相防锈剂 B 按比例加入气相防锈剂 A 中预溶成溶液。

(2) 将柴油加入调和釜，搅拌下加入液相防锈剂 A、液相防锈剂 B 和气相防锈剂 A 的预溶液。

(3) 最后按比例加入气相防锈剂 B，搅拌后过滤，灌装密封储存。

产品应用 本产品主要用作柴油发动机燃油系统防锈。

在封存前先清理掉油箱内的剩余柴油，把封存防锈油加入油箱，启动发动机使封存防锈油充满燃油系统，停机后起到防锈封存作用，下次启动时封存防锈油可以直接参与燃烧。

产品特性 由于选用了合适的原料及适宜的配比，使得该防锈油既具有液相防锈的功能，又具有气相防锈的功能。发动机燃油系统是一个相对密闭的空间，本产品具有气相防锈功能，可以保证接触到防锈油的部件金属被保护。而且本产品可作为发动机的燃料油，和普通燃料柴油一样能够直接启动，后续柴油可直接与之混溶，具有很好的相容性。

配方7 超长耐候、耐盐雾防锈油

原料配比

原料	配比(质量份)
稀土防锈液压油	20
羟肟酸	0.7
30＃机械油	70
齿轮油	20
硅藻土	0.6
防老剂MB	0.3
水杨酸钠	3
油酸钾皂	10
油酸聚氧乙烯酯	0.5
环氧大豆油	6
中性二壬基萘磺酸钡	3

原料		配比(质量份)
壳聚糖		0.2
二烯丙基胺		0.2
稀土防锈液压油	*N*-乙烯基吡咯烷酮	3
	尼龙酸甲酯	2
	斯盘-80	0.7
	十二烯基丁二酸	16
	液压油	110
	三烯丙基异氰尿酸酯	0.5
	去离子水	70
	过硫酸钾	0.6
	氢氧化钠	5
	硝酸铈	2

制备方法

(1) 将硅藻土与环氧大豆油混合，在50～60℃下保温搅拌3～7min；

(2) 将壳聚糖与水杨酸钠混合，搅拌均匀后加入二烯丙基胺、中性二壬基萘磺酸钡，50～70r/min搅拌分散7～10min；

(3) 将上述处理后的各原料混合，送入反应釜，充分搅拌均匀，脱水，在80～85℃下搅拌混合2～3h；

(4) 将反应釜温度降低到50～60℃，加入剩余各原料，不断搅拌至常温，过滤出料。

所述的稀土防锈液压油的制备方法：

(1) 将*N*-乙烯基吡咯烷酮与尼龙酸甲酯混合，在50～60℃下搅拌3～10min，得酯化烷酮；

(2) 取上述斯盘-80质量的70%～80%、去离子水质量的30%～50%混合，搅拌均匀后加入酯化烷酮、三烯丙基异氰尿酸酯、上述过硫酸钾质量的60%～70%，搅拌均匀，得烷酮分散液；

(3) 将十二烯基丁二酸与氢氧化钠混合，搅拌均匀后加入剩余的去离子水中，充分混合，加入硝酸铈，在60～65℃下保温搅拌20～30min，得稀土分散液；

(4) 将剩余的斯盘-80、过硫酸钾混合加入液压油中，搅拌均匀后加入上述烷酮分散液、稀土分散液，在70～80℃下保温反应3～4h，脱水，即得所述稀土防锈液压油。

产品特性

(1) 本产品中加入了稀土防锈液压油，其中烷酮可以改善流动性，提高反应活性；加入的稀土离子可以与金属基材表面发生吸氧腐蚀产生的 OH^- 作用生成不溶性配合物，减缓腐蚀的电极反应速率，起到很好的缓蚀效果。

(2) 本产品可以在金属基材表面形成一层稳定的涂膜，膜层结合力强，可有效地预防外界物质腐蚀金属，保护膜不易被划花，耐候性、耐盐雾性强。

配方8 除指纹型防锈油

原料配比

原料	配比(质量份)					原料	配比(质量份)				
	1#	2#	3#	4#	5#		1#	2#	3#	4#	5#
石油磺酸钡	5	6	8	9	10	斯盘-80	0.5	0.8	1	1.2	2
油酸	0.5	0.6	0.7	0.8	1	异丙醇	0.5	1.2	1.5	1.6	2
邻苯二甲酸二丁酯	0.5	0.6	0.8	1	1	羊毛脂	3	4	5	7	8
正丁醇	0.5	0.6	0.7	0.8	1	煤油	60	65	66	68	70
吐温-20	0.5	0.8	1	1.2	2						

制备方法

(1) 按照质量份称取各组分；

(2) 将吐温-20、斯盘-80加入煤油中，充分搅拌溶解，将体系温度升高到65～75℃，加入石油磺酸钡、羊毛脂，充分搅拌使其溶解；

(3) 将体系温度降低到30～40℃，继续搅拌，加入油酸、邻苯二甲酸二丁酯、正丁醇、异丙醇，继续搅拌至溶解完全。

产品特性 本产品湿热试验能达到52天以上，盐雾试验能达到13天以上，封存防锈试验能达到1.5年以上。本产品具有良好的防锈性能，同时具有良好的去污性能。

配方9 船舶用耐盐水防锈油

原料配比

原料	配比(质量份)	原料	配比(质量份)
煤油	80	羟基亚乙基二磷酸	2
氨三乙酸三钠	0.6	烷基化二苯胺	3
棕榈酸钙	1	双苯三唑醇	2
石油磺酸钙	10	丙烯酸	3

续表

原料		配比(质量份)
抗氧剂 168		0.8
1-羟基苯并三氮唑		1
重铬酸钾		0.3
邻苯二甲酸酯		2
多异氰酸酯		1
稀土防锈液压油		20
稀土防锈液压油	*N*-乙烯基吡咯烷酮	3
	尼龙酸甲酯	2
	斯盘-80	0.7
	十二烯基丁二酸	16
	液压油	110
	三烯丙基异氰尿酸酯	0.5
	去离子水	70
	过硫酸钾	0.6
	氢氧化钠	5
	硝酸铈	2

制备方法

(1) 将双苯三唑醇、丙烯酸混合，在 50～60℃下保温搅拌 3～5min，得醇酸液；

(2) 将棕榈酸钙、邻苯二甲酸酯混合，搅拌均匀后加入上述醇酸液、煤油质量的 10%～15%，60～100r/min 搅拌混合 3～4min，加入 1-羟基苯并三氮唑，搅拌混合均匀；

(3) 将氨三乙酸三钠与石油磺酸钙混合，搅拌均匀后加入上述制备的各原料，在 80～90℃下保温搅拌 30～40min，加入羟基亚乙基二磷酸，连续脱水 1～2h，加入剩余各原料，在 60～75℃下搅拌混合 2～3h；

(4) 将反应釜温度降低到 50～60℃，保温搅拌混合 40～50min，反应釜温度降低为常温时，过滤出料。

所述的稀土防锈液压油的制备方法：

(1) 将 *N*-乙烯基吡咯烷酮与尼龙酸甲酯混合，在 50～60℃下搅拌 3～10min，得酯化烷酮；

(2) 取上述斯盘-80 质量的 70%～80%、去离子水质量的 30%～50%混合，搅拌均匀后加入酯化烷酮、三烯丙基异氰尿酸酯、上述过硫酸钾质量的 60%～70%，搅拌均匀，得烷酮分散液；

(3) 将十二烯基丁二酸与氢氧化钠混合，搅拌均匀后加入剩余的去离子水中，充分混合，加入硝酸铈，在 60～65℃下保温搅拌 20～30min，得稀土分散液；

(4) 将剩余的斯盘-80、过硫酸钾混合加入液压油中，搅拌均匀后加入上述烷酮分散液、稀土分散液，在 70～80℃下保温反应 3～4h，脱水，即得所述稀土防锈液压油。

产品应用 本品主要用于船舶工业。

产品特性

(1) 本产品中加入了稀土防锈液压油，其中烷酮可以改善流动性，提高反应活性；加入的稀土离子可以与金属基材表面发生吸氧腐蚀产生的 OH^- 作用生成不溶性配合物，减缓腐蚀的电极反应速率，起到很好的缓蚀效果。

（2）本产品特别适用于船舶工业，与基材的黏结性好，涂膜稳定性强，对盐水具有很好的抗性，耐低温，耐湿热性好。

配方10 船底彩色硬膜防锈油

原料配比

原料	配比（质量份）					原料	配比（质量份）				
	1#	2#	3#	4#	5#		1#	2#	3#	4#	5#
丙酮	100	100	100	100	100	乙二醇乙醚乙酸酯	15	35	20	30	25
氧化锌	25	45	30	40	35	氧化亚铜	30	50	35	45	40
甲基乙基酮	50	70	55	65	60	环烷酸锌	8	12	9	11	10
硬脂酸锌	2	18	4	16	10	氧化汞	10	30	15	25	20
煤焦沥青	5	15	8	12	10	钡皂	5	25	10	20	15
石油磺酸钠	4	16	6	14	10	DDT	12	18	14	16	15
松香	45	65	50	60	55	锌铬黄	15	25	18	22	20

制备方法

（1）将丙酮、甲基乙基酮和煤焦沥青置于反应釜中升温至140～180℃，混合均匀。

（2）加入石油磺酸钠和松香，搅拌30～50min，搅拌速度为200～600r/min。

（3）加入氧化亚铜、环烷酸锌、氧化汞和钡皂，降温至70～90℃，搅拌4～6h，搅拌速度为400～800r/min。

（4）加入剩余原料，在研磨机中研磨20～40min，温度降低至常温即可。

产品应用 本品是一种船底彩色硬膜防锈油。

产品特性

（1）耐冲击强度：6～10MPa。

（2）柔韧性：0.5～1.5mm；附着力：1级。

（3）耐盐水性：浸入25℃水中4～8天，不起泡不变色。

（4）表干：30～60min；实干：10～20h。

配方11 船用柴油机润滑防锈油

原料配比

原料		配比（质量份）					
		1#	2#	3#	4#	5#	6#
防锈剂	T704（环烷酸锌）	0.8	—	0.6	0.6	—	—
	T705（二壬基萘磺酸钡）	—	—	—	—	—	1.2
	T101（低碱值石油磺酸钙）	—	—	—	3.1	2.8	2.5
	烯基丁二酸	0.6	0.8	0.6	—	0.6	0.1
	烯基丁二酸半酯	—	0.6	0.5	—	—	—

续表

原料		配比(质量份)					
		1#	2#	3#	4#	5#	6#
抗氧剂	2,6-二叔丁基对甲酚	0.8	—	—	—	—	—
	2,6-二叔丁基混合酚	—	0.8	—	—	—	—
	3,5-二叔丁基-4-羟基苯丙酸异辛酯	—	—	0.7	—	—	—
	苯基-α-萘胺	—	—	—	0.8	—	—
	丁基二苯胺	—	—	—	—	0.7	—
	异辛基二苯胺	—	—	—	—	—	0.7
极压抗磨剂	三苯基硫代磷酸酯	0.6	—	—	—	—	—
	异辛基酸性磷酸酯十八胺	—	0.5	—	—	—	—
	磷酸三甲酚酯	—	—	0.5	—	—	—
	磷酸三苯酯	—	—	—	0.6	—	—
	磷酸三丁酯	—	—	—	—	0.6	—
	硫代磷酸酯	—	—	—	—	—	0.8
清净剂	石油磺酸钙	1.6	—	—	—	—	1.8
	硫化烷基酚钙	—	1.8	—	—	—	—
	合成磺酸钙	—	—	1.8	—	—	—
	环烷酸钙	—	—	—	2.1	—	—
	烷基水杨酸钙	—	—	—	—	1.7	—
分散剂	高分子丁二酰亚胺	2.0	—	—	—	—	—
	单丁二酰亚胺	—	1.8	—	1.6	—	—
	多丁二酰亚胺	—	—	2.2	—	—	2.1
	二丁二酰亚胺	—	—	—	—	1.8	—
降凝剂	聚甲基丙烯酸酯	0.2	—	—	—	—	—
	烷基萘	—	0.3	—	—	0.3	—
	聚α-烯烃	—	—	0.2	0.3	—	0.2
抗泡剂	含硅型	0.01	—	—	—	0.01	0.01
	非硅型	—	0.01	0.01	—	—	—
	复合型	—	—	—	0.01	—	—
基础油	HVI IC 650	93.39	93.39	92.89	90.09	91.49	91.59

制备方法 将各组分按比例在50～60℃下加入基础油中，搅拌0.5～5h，使其全部溶解，即可得到本产品。

原料介绍

所述抗泡剂选自硅型、非硅型或复合型抗泡剂中的至少一种。

所述基础油选溶剂精制矿物基础油、加氢精制矿物基础油、聚α-烯烃合成油或聚酯类合成油中的至少一种。

产品应用 本品主要用于发动机润滑系统，用于发动机短期存放和海上运输期间，因为船用柴油机内部构件容易产生腐蚀、锈蚀等问题。

使用方法如下：船用柴油发动机经制造、组装、磨合完成后，将本品注入发动机润滑系统，在短期内，发动机内部的各部件不会锈蚀。使用注入本品的船用柴油发动机时，不必排尽、清洗发动机内的组合物，并可以完成不少于 3000 海里的磨合期（发动机中润滑油处于正常使用状态）。

产品特性 本产品在保持船用柴油机油原有的作用下，既能克服硫酸的腐蚀磨损、保持活塞和发动机清洁、保持良好的抗氧化安定性、减少缸套磨损、与水分离而不发生乳化、防止油泥形成等，又可以保证船用柴油发动机在磨合期内的实际使用，不仅保持和改善了船用柴油发动机系统的润滑性能，还明显地提高了船用柴油发动机系统的防锈性能，取得了较好的技术效果。

配方12 船用卷板机用防锈油

原料配比

原料	配比(质量份)
次氯酸钠	0.5
10＃机械油	80
氨基三乙酸	0.5
十四醇油酸酯	2
中性二壬基萘磺酸钡	6
硫酸亚锡	0.3
亚麻子油	3
硬脂酸钙	2
环烷酸皂	0.6
乙酸乙酯	3
月桂酸二乙醇酰胺	0.4
聚苯并咪唑	0.5

原料		配比(质量份)
成膜机械油		5
成膜机械油	去离子水	60
	十二碳醇酯	7
	季戊四醇油酸酯	2
	交联剂 TAIC	0.2
	三乙醇胺油酸皂	3
	硝酸镧	4
	机械油	100
	磷酸二氢锌	10
	28%氨水	50
	硅烷偶联剂 KH560	0.2

制备方法

(1) 将环烷酸皂加入乙酸乙酯中，搅拌均匀后加入亚麻子油，搅拌均匀，加入硫酸亚锡，搅拌均匀；

(2) 将月桂酸二乙醇酰胺加入 10＃机械油中，搅拌均匀后加入十四醇油酸酯、氨基三乙酸，在 90～100℃下保温搅拌 20～30min；

(3) 将上述处理后的各原料混合，搅拌均匀后加入硬脂酸钙，搅拌均匀，加入反应釜中，加入中性二壬基萘磺酸钡，在 100～120℃下搅拌混合 20～30min，加入次氯酸钠，降低温度到 80～90℃，脱水，搅拌混合 2～3h；

(4) 将反应釜温度降低到 50～60℃，加入剩余各原料，不断搅拌至常温，过滤出料。

所述的成膜机械油的制备方法：

(1) 取上述三乙醇胺油酸皂质量的 20%～30%，加入季戊四醇油酸酯中，在 60～70℃下搅拌混合 30～40min，得乳化油酸酯。

(2) 将十二碳醇酯加入去离子水中，搅拌条件下依次加入乳化油酸酯、交联剂 TAIC，在 73～80℃下搅拌混合 1～2h，得成膜助剂。

(3) 将磷酸二氢锌加入 28%氨水中，搅拌混合 6～10min；将硝酸镧与硅烷偶联剂 KH560 混合均匀后加入，搅拌均匀，得稀土氨液。

(4) 将剩余的三乙醇胺油酸皂加入机械油中，搅拌均匀后加入上述成膜助剂、稀土氨液，在 120～125℃下保温反应 20～30min，脱水，即得所述成膜机械油。

产品特性

(1) 本产品加入的季戊四醇油酸酯具有优异的润滑性、良好的表面成膜性，与十二碳醇酯共混改性，可以明显提高成品的成膜效果，降低成膜温度；加入的稀土镧离子可以与金属基材表面发生吸氧腐蚀产生的 OH^- 作用生成不溶性配合物，减缓腐蚀的电极反应速率，起到很好的缓蚀效果。

(2) 本产品可以有效地保护船用卷板机的表面，形成稳定的油膜，该油膜表面抗性高，耐盐雾性、耐冲刷性好，抗剥离强度高，保护效果持久。

配方13 脂型防锈油

原料配比

原料	配比(质量份)
基础油脂(机械油)	90
氧化石油脂钡皂	10
山梨醇单油酸酯	6
酚醛树脂	3
硬脂酸	3
邻苯二甲酸二丁酯	3
金属减活剂 TH561	0.5
抗氧剂 1010	0.6
2,6-二叔丁基对甲酚	1
十八胺	4

原料		配比(质量份)
成膜助剂		3
成膜助剂	松香	30
	环氧树脂	15
	纳米铝矾土	1
	丙三醇硼酸酯脂肪酸酯	2
	2,5-二甲基-2,5 二(叔丁基过氧化)己烷	0.6～1
	三聚氰酸三烯丙酯	0.2
	棕榈油	1

制备方法 将上述基础油脂加入反应釜内，升温到 70～75℃，加入成膜助剂，搅拌 10～20min，加入氧化石油脂钡皂、山梨醇单油酸酯、酚醛树脂，搅拌反应 20～30min，待温度降低至 50～60℃，加入剩余各原料，充分混合，即得所述带气相防锈功能的脂型防锈油。

所述的成膜助剂的制备方法：将上述松香加热熔解，加入环氧树脂，在80～90℃下保温反应 10～15min，加入 2,5-二甲基-2,5 二（叔丁基过氧化）己烷，充分混合后，降低温度到 25～30℃，加入三聚氰酸三烯丙酯，200～300r/min 搅拌分散 3～4min，加入剩余各原料，搅拌混合，即得所述成膜助剂。

产品特性 本产品抗日晒雨淋，高温不流失，低温不开裂，油膜透明、柔软，涂覆性好，易去除；加入了十八胺，使脂型防锈油兼具一定的气相防锈性，增强了保护效果。

配方14 带气相防锈功能的脂型防锈油

原料配比

原料	配比(质量份)				原料	配比(质量份)			
	1#	2#	3#	4#		1#	2#	3#	4#
凡士林	70	74	76	75	苯并三氮唑	0.4	0.6	0.8	1
石油磺酸钙	2	2	1	1	苯三唑三丁胺	1.0	0.8	0.6	0.4
山梨醇单油酸酯	2	3	3	2	十八胺	0.7	1.0	1.3	1.5
22#机械油	15	11	8	10	硬脂酸	2	3	4	5
N-油酰肌氨酸十八胺盐	2	2.5	3	1.5	酚醛树脂	4.9	2.1	2.3	2.6

制备方法 按照比例将基础油脂加入反应釜内，升温到70℃，加入脂膜改性剂，搅拌15min，保持70℃依次加入防锈剂，搅拌30min；待冷却到60℃，加入气相防锈剂，再搅拌1h即可。

原料介绍

所述的基础油脂选自凡士林或机械油，或者它们的混合物。凡士林为医用级凡士林。机械油为22#机械油。

所述的防锈剂选自石油磺酸钙、山梨醇单油酸酯、*N*-油酰肌氨酸十八胺盐和苯并三氮唑。

所述的气相防锈剂是十八胺或苯三唑三丁胺，或者它们的混合物。

所述的脂膜改性剂是硬脂酸或酚醛树脂，或者它们的混合物。硬脂酸使油膜具有良好的施工性。

产品特性 本产品抗日晒雨淋，高温不流失，低温不开裂，油膜透明、柔软，涂覆性好，易去除；加入了气相防锈剂，使脂型防锈油兼具一定的气相防锈性。本产品脂膜透明、柔软，施工性能好，使无法涂覆防锈油的金属也能得到防锈保护，尤其适合在高湿热、高盐雾等恶劣环境下长期防锈使用。

配方15 导电薄膜防锈油

原料配比

原料	配比(质量份)	原料	配比(质量份)
叔丁基酚甲醛树脂	20	邻苯二甲酸二丁酯	3
743钡皂	6	聚甲基丙烯酸十四酯	1
环烷酸铅	1	200#汽油	65
十二烯基丁二酸	1.5	十二烷基苯磺酸掺杂导电态聚苯胺粉末	2
苯并三唑	0.5		

制备方法

(1) 按原料配方取叔丁基酚甲醛树脂、743钡皂、环烷酸铅、十二烯基丁二酸、苯并三唑、邻苯二甲酸二丁酯、聚甲基丙烯酸十四酯混合搅拌均匀，然后用胶体磨碾磨，细度 20 目，得混合物。

（2）将上述混合物加入 200 # 汽油中，高速（转速 1600～2000r/min）搅拌均匀得聚合物。

（3）在上述聚合物中加入十二烷基苯磺酸掺杂导电态聚苯胺粉末，高速（转速 1600～2000r/min）搅拌均匀并加热至 80℃，2h 后，待达到纳米级分散，冷却至室温即可。

产品应用 本品主要用于金属物体防腐。

产品特性 本品满足了钢铁工业中在钢板连续化生产时喷涂防锈油的技术要求，加入极少量的导电薄膜防锈油，就可以达到很好的防锈效果。

配方16 多功能复合防锈油

原料配比

<table>
<tr><th>原料</th><th>配比(质量份)</th><th colspan="2">原料</th><th>配比(质量份)</th></tr>
<tr><td>脱蜡煤油</td><td>50</td><td colspan="2">环烷酸皂</td><td>2</td></tr>
<tr><td>46 # 机械油</td><td>50</td><td colspan="2">防锈助剂</td><td>5</td></tr>
<tr><td>氨基三亚甲基膦酸四钠</td><td>2</td><td rowspan="6">防锈助剂</td><td>古马隆树脂</td><td>30</td></tr>
<tr><td>二硬脂酰氧异丙氧基铝酸酯</td><td>0.6</td><td>四氢糠醇</td><td>4</td></tr>
<tr><td>二烷基二苯胺</td><td>0.4</td><td>乙酰丙酮锌</td><td>0.6</td></tr>
<tr><td>二甲基硅油</td><td>0.3</td><td>十二烯基丁二酸半酯</td><td>5</td></tr>
<tr><td>对叔丁基苯甲酸</td><td>0.5</td><td>150SN 基础油</td><td>19</td></tr>
<tr><td>邻苯二甲酸酯</td><td>2</td><td>三羟甲基丙烷三丙烯酸酯</td><td>2</td></tr>
</table>

制备方法

（1）将上述脱蜡煤油、46 # 机械油混合加入反应釜内，在 110～120℃下保温搅拌 1～2h；

（2）加入防锈助剂、邻苯二甲酸酯、环烷酸皂，继续搅拌混合 1～2h；

（3）反应釜温度降低到 70～80℃，加入氨基三亚甲基膦酸四钠、对叔丁基苯甲酸，搅拌混合 1～2h，脱水；

（4）加入剩余各原料，温度降低到 30～40℃，充分搅拌，过滤出料。

所述的防锈助剂的制备方法：

（1）将上述古马隆树脂加热到 75～80℃，加入乙酰丙酮锌，搅拌混合 10～15min，加入四氢糠醇，搅拌至常温；

（2）将 150SN 基础油质量的 30%～40%与十二烯基丁二酸半酯混合，在 100～110℃下搅拌 1～2h；

（3）将上述处理后的各原料混合，加入剩余各原料，100～200r/min 搅拌分散 30～50min，即得所述防锈助剂。

产品特性 本产品油膜稳定，可以减少灰尘黏附，增强产品的美观性，加入的防锈助剂为金属基材提供了更好的保护效果，延长了防锈时间。

配方17 多功能无钡防锈油

原料配比

原料	配比(质量份)	原料	配比(质量份)
石油磺酸钙	8～10	T706/苯并三氮唑	0.3～0.5
石油磺酸钠	4～6	32＃基础油	10～20
S-80	2～5	精制石油溶剂	60～70
T501/2,6-二叔丁基对甲酚	0.1～0.5		

制备方法 在反应釜中加入32＃基础油、石油磺酸钙、S-80、石油磺酸钠，加热至90～95℃，溶解均匀后，降温至70～80℃；加入T706/苯并三氮唑、T501/2,6-二叔丁基对甲酚，溶解均匀，保温搅拌0.5h以上；最后，用精制石油溶剂稀释，过滤装桶即可。在整个过程中，不断搅拌。

产品特性 本产品应用于金属零部件的防锈，能满足铸件、钢、铜、铝等多种金属材料的防锈要求；与车用润滑油相容，不影响润滑油的润滑性能；油膜薄(厚度小于10μm)，易清洗，可实现涂油零件的带油装配；具有优异的渗透性，兼具松锈、脱水、润滑等功能；配方中无钡盐，符合环保要求；防锈油的浓度易监测调整，有效保证了零件的防锈性，且换油周期延长，有效降低了生产成本。本防锈油性能稳定，可根据需求按时添加，连续使用。

配方18 多基础油制防锈油

原料配比

原料	配比(质量份)	原料		配比(质量份)
500SN基础油	30	成膜助剂	氯丁橡胶CR121	60
100SN基础油	30		EVA树脂(VA含量28%)	30
150SN基础油	26		二甲苯	40
聚甘油脂肪酸酯	6		聚乙烯醇	10
硫代二丙酸二月桂酯	1		羟乙基亚乙基双硬脂酰胺	1
4,4′-二辛基二苯胺	2		2-正辛基-4-异噻唑啉-3-酮	4
6-叔丁基邻甲酚	4		甲基苯并三氮唑	3
石油醚	3		甲基三乙氧基硅烷	2
液化石蜡	4		十二烷基聚氧乙烯醚	3
成膜助剂	3		过氧化二异丙苯	2
丙二醇	5		2,5-二甲基-2,5-二(叔丁基过氧化)己烷	0.8
二烯丙基胺	2			

制备方法

(1) 将上述500SN基础油、150SN基础油、100SN基础油加入反应釜中，搅拌，加热到110～120℃；

(2) 加入上述聚甘油脂肪酸酯、4,4′-二辛基二苯胺，加热搅拌使其溶解；

(3) 加入上述石油醚、丙二醇、硫代二丙酸二月桂酯、液化石蜡，连续脱水1～1.5h，降温至55～60℃；

(4) 加入上述二烯丙基胺，在55～60℃下保温搅拌3～4h；

(5) 加入剩余各原料，充分搅拌，降低温度至35～38℃，过滤出料。

所述成膜助剂的制备包括以下步骤：

(1) 将上述氯丁橡胶CR121加入密炼机内，在70～80℃下单独塑炼10～20min，然后出料冷却至常温；

(2) 将上述EVA树脂、羟乙基亚乙基双硬脂酰胺、2-正辛基-4-异噻唑啉-3-酮、甲基苯并三氮唑、十二烷基聚氧乙烯醚混合，在90～100℃下反应1～2h，加入上述塑炼后的氯丁橡胶，降低温度到80～90℃，继续反应40～50min，再加入剩余各原料，在60～70℃下反应4～5h。

产品特性 本产品不易变色，不易氧化，不影响工件的外观，综合性能优异，具有高的耐盐雾性、耐湿热性、耐老化性等，可清洗性能好；加入的成膜助剂改善了油膜的表面张力，使得喷涂均匀，在金属工件表面铺展性能好，形成的油膜均匀稳定，提高了对金属的保护作用。

配方19 多酯防锈油

原料配比

原料	配比(质量份)	原料		配比(质量份)
N32#机械油	45	成膜助剂	氯丁橡胶CR121	60
200SN基础油	35		EVA树脂(VA含量28%)	30
油酸聚氧乙烯酯	5		二甲苯	40
邻苯二甲酸二丁酯	4		聚乙烯醇	10
己二酸二丁酯	3		羟乙基亚乙基双硬脂酰胺	1
2-氨乙基十七烯基咪唑啉	3		2-正辛基-4-异噻唑啉-3-酮	4
地蜡	4		甲基苯并三氮唑	3
苯乙醇胺	2		甲基三乙氧基硅烷	2
成膜助剂	5		十二烷基聚氧乙烯醚	3
碳酸二环己胺	1		过氧化二异丙苯	2
铬酸叔丁酯	3		2,5-二甲基-2,5-二(叔丁基过氧化)己烷	0.8

制备方法

(1) 将上述N32#机械油、200SN基础油加入反应釜中，搅拌，加热到110～120℃；

(2) 加入上述油酸聚氧乙烯酯、己二酸二丁酯，加热搅拌；

(3) 加入上述邻苯二甲酸二丁酯、苯乙醇胺，连续脱水1～1.5h，降温至55～60℃；

(4) 加入上述铬酸叔丁酯、地蜡，在55～60℃下保温搅拌3～4h；

(5) 加入剩余各原料，充分搅拌，降低温度至35～38℃，过滤出料。

所述成膜助剂的制备包括以下步骤：

(1) 将上述氯丁橡胶CR121加入密炼机内，在70～80℃下单独塑炼10～20min，然后出料冷却至常温；

(2) 将上述EVA树脂、羟乙基亚乙基双硬脂酰胺、2-正辛基-4-异噻唑啉-3-酮、甲基苯并三氮唑、十二烷基聚氧乙烯醚混合，在90～100℃下反应1～2h，加入上述塑炼后的氯丁橡胶，降低温度到80～90℃，继续反应40～50min，再加入剩余各原料，在60～70℃下反应4～5h。

产品特性 本产品不易变色，不易氧化，不影响工件的外观，综合性能优异，具有高的耐盐雾性、耐湿热性、耐老化性等，可清洗性能好；加入的成膜助剂，改善了油膜的表面张力，使得喷涂均匀，在金属工件表面铺展性能好，形成的油膜均匀稳定，提高了对金属的保护作用。

配方20 二茂铁气相缓释防锈油

原料配比

原料	配比(质量份)
120#溶剂油	150
二茂铁	1.5
聚异丁烯	4
4-氨基-3,5-二甲基-1,2,4-三唑	1～2
二乙基羟胺	1.5
2-氨乙基十七烯基咪唑啉	1
二乙醇胺	2
三辛烷基叔胺	1
二烷基二硫代磷酸锌	2.5
二甲基硅油	6
十二烷基苯磺酸钠	1.5
乙酰柠檬酸三(2-乙基己基)酯	4
成膜树脂	5.5
改性凹凸棒土	1.5

原料		配比(质量份)
成膜树脂	十二烷基醚硫酸钠	4
	液化石蜡	16
	3-氨丙基三甲氧基硅烷	4
	三乙烯二胺	13
	环氧大豆油	12
	二甲苯	14
	交联剂TAIC	7
	松香	4
	锌粉	3
改性凹凸棒土	凹凸棒土	100
	15%～20%双氧水	适量
	去离子水	适量
	氢氧化铝粉	1～2
	钼酸钠	2～3
	交联剂TAC	1～2

制备方法 首先制备成膜树脂和改性凹凸棒土，然后按配方要求将各种成分在80～90℃下混合搅拌30～40min，冷却后过滤即可。

所述的成膜树脂按以下步骤制成：

(1) 将十二烷基醚硫酸钠、液化石蜡、3-氨丙基三甲氧基硅烷、三乙烯二胺、环氧大豆油、二甲苯、交联剂TAIC加入不锈钢反应釜中，升温至110℃±5℃，开动搅拌加入松香、锌粉。

(2) 以30～40℃/h的速率升温到205℃±2℃。

(3) 当酸值（以 KOH 计）达到 15mg/g 以下时停止加热，放至稀释釜。

(4) 冷却到 70℃±5℃搅匀得到成膜树脂。

所述的改性凹凸棒土按以下步骤制成：

(1) 凹凸棒土用 15%～20%双氧水泡 2～3h 后，再用去离子水洗涤至中性，烘干；

(2) 在凹凸棒土中，加入氢氧化铝粉、钼酸钠、交联剂 TAC，高速（4500～4800r/min）搅拌 20～30min，烘干粉碎成 500～600 目粉末。

产品特性 本气相防锈油既具有接触性防锈的特性，又具有气相防锈的优越性能，对炮钢、A3 钢、45＃钢、20＃钢、黄铜、镀锌、镀铬等多种金属具有防锈作用。本品可以广泛应用于机械设备等内腔以及其他接触或非接触的金属部位的防锈。

配方21 发动机封存防锈油

原料配比

原料	配比(质量份)	原料		配比(质量份)
聚异丁烯	2	稀土缓蚀液压油		20
航空润滑油	70	稀土缓蚀液压油	聚环氧琥珀酸	3
麻黄碱	0.6		正硅酸四乙酯	5
亚磷酸二正丁酯	3		磷酸二氢钠	2
邻苯二甲酸聚酯	3		十二烷基硫酸钠	0.8
丙烯酸	1		氧化铝	0.7
β-萘胺	2		十二烯基丁二酸	15
苯甲酸环己胺	2		液压油	110
聚甘油脂肪酸酯	4		去离子水	80
石油磺酸钡	2		氢氧化钠	5
磷酸三辛酯	0.5		硝酸铈	3
乙酰丙酮锌	0.6		斯盘-80	0.5
甲基硅油	0.5			

制备方法

(1) 将航空润滑油加入反应釜中，升温到 60～70℃，开动搅拌器控制转速为 50～60r/min，加入稀土缓蚀液压油，搅拌混合 30～40min；

(2) 将磷酸三辛酯、聚异丁烯于 70～80℃下保温混合 6～10min，加入麻黄碱、乙酰丙酮锌，搅拌至常温后加入上述反应釜中，搅拌混合 20～30min；

(3) 加入聚甘油脂肪酸酯、亚磷酸二正丁酯，充分搅拌均匀，脱水，控制反应釜温度为 80～85℃，搅拌混合 2～3h；

(4) 将反应釜温度降低到 50～60℃，加入剩余各原料，不断搅拌至常温，过滤出料。

所述的稀土缓蚀液压油的制备方法：

（1）将磷酸二氢钠与上述去离子水质量的16%～20%混合，搅拌均匀后加入聚环氧琥珀酸，充分混合，得酸化缓蚀剂；

（2）取剩余去离子水质量的40%～50%与十二烷基硫酸钠混合，搅拌均匀，加入正硅酸四乙酯、氧化铝，搅拌条件下滴加氨水，调节pH为7.8～9，搅拌均匀，得硅铝溶胶；

（3）将十二烯基丁二酸与氢氧化钠混合，搅拌均匀后加入剩余的去离子水中，充分混合，加入硝酸铈，在60～65℃下保温搅拌20～30min，得稀土分散液；

（4）将斯盘-80加入液压油中，搅拌均匀后加入上述稀土分散液、酸化缓蚀剂、硅铝溶胶，在80～90℃下保温反应20～30min，脱水，即得所述稀土缓蚀液压油。

产品特性

（1）本产品中加入了稀土缓蚀液压油；聚环氧琥珀酸与磷酸盐混合，可以起到很好的协同作用，具有稳定的缓蚀功能；硅铝溶胶可以促进各物料间相容，改善成品的成膜效果；加入的稀土离子可以与金属基材表面发生吸氧腐蚀产生的 OH^- 作用生成不溶性配合物，减缓腐蚀的电极反应速率，起到很好的缓蚀效果。

（2）本产品特别适用于发动机的封存，具有很好的抗湿热性能，防锈时间长，可以保证机器的正常运行。

配方22 发动机封存用防锈油

原料配比

原料	配比（质量份）	原料		配比（质量份）
航空煤油	90	硅酸钠		0.2
聚异丁烯	2	防锈助剂		4
羊毛脂镁皂	3	防锈助剂	古马隆树脂	30
硬脂酸钡	2		四氢糠醇	4
烯丙基聚乙二醇	2		乙酰丙酮锌	0.6
铬酸叔丁酯	1		十二烯基丁二酸半酯	5
N-月桂酰肌氨酸钠	0.6		150SN 基础油	19
硬脂酸聚氧乙烯酯	2		三羟甲基丙烷三丙烯酸酯	2
N,N-二(2-氰乙基)甲酰胺	0.8			

制备方法

（1）将上述航空煤油加入反应釜内，在100～120℃下保温搅拌1～2h，加入羊毛脂镁皂、硅酸钠、烯丙基聚乙二醇、硬脂酸钡，降低反应釜温度到70～80℃，搅拌混合1～2h，脱水；

（2）加入剩余各原料，降低温度到30～40℃，充分搅拌，过滤出料。

所述的防锈助剂的制备方法：

（1）将上述古马隆树脂加热到75～80℃，加入乙酰丙酮锌，搅拌混合10～

15min，加入四氢糠醇，搅拌至常温；

（2）将150SN基础油质量的30%～40%与十二烯基丁二酸半酯混合，在100～110℃下搅拌1～2h；

（3）将上述处理后的各原料混合，加入剩余各原料，100～200r/min搅拌分散30～50min，即得所述防锈助剂。

产品应用 本品主要用于发动机封存。

产品特性 本产品耐湿热、耐腐蚀、耐盐雾性强，特别适用于发动机封存，防锈期长，可以对发动机起到很好的保护效果，延长发动机的使用寿命。

配方23 发动机零件用薄层防锈油

原料配比

原料	配比（质量份）	原料		配比（质量份）
航空润滑油	90	成膜助剂		2
石油磺酸钡	4	成膜助剂	干性油醇酸树脂	40
甲基苯并三氮唑	2		六甲氧基甲基三聚氰胺树脂	2
己二酸二辛酯	3		桂皮油	1
十二烯基丁二酸	2		聚乙烯吡咯烷酮	1
十二烯基丁二酸二乙醇酰胺	1		*N*-苯基-2-萘胺	0.1
二烷基二硫代磷酸锌	0.3		甲基三乙氧基硅烷	0.2

制备方法 将航空润滑油升温至110～120℃充分脱水，然后降低温度至室温，加入剩余各原料，充分搅拌，即得发动机零件用薄层防锈油。

所述的成膜助剂的制备方法：将干性油醇酸树脂与桂皮油混合，在90～100℃下保温搅拌6～8min，降低温度到55～65℃，加入六甲氧甲基三聚氰胺树脂，充分搅拌后加入甲基三乙氧基硅烷，200～300r/min搅拌分散10～15min，升高温度到130～135℃，加入剩余各原料，保温反应1～3h，冷却至常温，即得成膜助剂。

产品应用 本品主要应用于发动机各种金属零件的油封，如碳钢、合金钢、镁合金、铝合金、铜合金及带各种镀层的零件。

产品特性 本产品提高了零件的封存质量，耐候性强，涂膜稳定性能好。

配方24 方便防锈油

原料配比

原料	配比（质量份）	原料	配比（质量份）
100SN基础油	80	苄基三乙基溴化铵	1
3,3-二羟甲基丁烷-2-聚氧乙烯醇	3	地蜡	2
蔗糖脂肪酸酯	3	聚甘油脂肪酸酯	4
二壬基萘磺酸钡	4	*α*-羟基苯并三氮唑	1

续表

<table>
<tr><th colspan="2">原料</th><th>配比(质量份)</th><th colspan="2">原料</th><th>配比(质量份)</th></tr>
<tr><td colspan="2">十二烷基二甲基叔胺</td><td>0.5</td><td rowspan="4">防锈助剂</td><td>乙酰丙酮锌</td><td>0.6</td></tr>
<tr><td colspan="2">防锈助剂</td><td>7</td><td>十二烯基丁二酸半酯</td><td>3</td></tr>
<tr><td rowspan="2">防锈助剂</td><td>古马隆树脂</td><td>30</td><td>150SN 基础油</td><td>19</td></tr>
<tr><td>四氢糠醇</td><td>5</td><td>三羟甲基丙烷三丙烯酸酯</td><td>3</td></tr>
</table>

制备方法 将上述 100SN 基础油加入反应釜内，在 100～120℃下保温搅拌 1～2h，加入二壬基萘磺酸钡和防锈助剂，继续保温搅拌 1～2h，加入剩余各原料，降低温度到 60～70℃，搅拌混合 40～50min，脱水，降低温度到 30～40℃，充分搅拌，过滤出料。

所述的防锈助剂制备方法：

(1) 将上述古马隆树脂加热到 75～80℃，加入乙酰丙酮锌，搅拌混合 10～15min，加入四氢糠醇，搅拌至常温；

(2) 将 150SN 基础油质量的 30%～40%与十二烯基丁二酸半酯混合，在 100～110℃下搅拌 1～2h；

(3) 将上述处理后的各原料混合，加入剩余各原料，100～200r/min 搅拌分散 30～50min，即得防锈助剂。

产品应用 本品是一种方便防锈油，用于金属工件的长期封存防锈，如发动机、齿轮箱、泵的内部的表面防锈。

产品特性 本产品耐湿热、耐腐蚀性好，防锈时间长，涂覆该防锈油的工件在使用前无需清洗，可直接投入使用，无需添加额外的润滑添加剂，应用范围广泛。

配方25 防腐防锈油

原料配比

<table>
<tr><th>原料</th><th>配比(质量份)</th><th colspan="2">原料</th><th>配比(质量份)</th></tr>
<tr><td>四氯对苯二甲酸二甲酯</td><td>2</td><td rowspan="14">抗剥离机械油</td><td>聚乙二醇单甲醚</td><td>3</td></tr>
<tr><td>烷基烯酮二聚体</td><td>0.3</td><td>2,6-二叔丁基-4-甲基苯酚</td><td>0.2</td></tr>
<tr><td>羟丙基炔丙基醚</td><td>0.5</td><td>松香</td><td>6</td></tr>
<tr><td>乙烯基羧酸酯</td><td>3</td><td>聚氨酯丙烯酸酯</td><td>2</td></tr>
<tr><td>2-氨乙基十七烯基咪唑啉</td><td>1</td><td>斯盘-80</td><td>3</td></tr>
<tr><td>磷酸氢二钠</td><td>2</td><td>硝酸镧</td><td>3</td></tr>
<tr><td>三聚硫氰酸</td><td>0.3</td><td>机械油</td><td>100</td></tr>
<tr><td>干酪素</td><td>0.5</td><td>磷酸二氢锌</td><td>10</td></tr>
<tr><td>二甲氨基丙胺</td><td>1</td><td>28%氨水</td><td>50</td></tr>
<tr><td>吡啶硫酮锌</td><td>0.5</td><td>去离子水</td><td>30</td></tr>
<tr><td>丁基硫醇锡</td><td>0.6</td><td rowspan="4">硅烷偶联剂 KH560</td><td rowspan="4">0.2</td></tr>
<tr><td>150SN 基础油</td><td>70</td></tr>
<tr><td>顺丁烯二酸酐</td><td>0.5</td></tr>
<tr><td>抗剥离机械油</td><td>5</td></tr>
</table>

制备方法

(1) 将磷酸氢二钠加入5~8倍水中，搅拌均匀后加入干酪素、烷基烯酮二聚体，搅拌混合20~30min，得磷化液；

(2) 将四氯对苯二甲酸二甲酯与乙烯基羧酸酯、顺丁烯二酸酐混合，搅拌均匀后加入上述磷化液，在60~70℃下搅拌混合6~10min；

(3) 将上述处理后原料加入反应釜中，在100~120℃下搅拌混合20~30min，加入抗剥离机械油、150SN基础油，降低温度到80~90℃，脱水，搅拌混合2~3h；

(4) 将反应釜温度降低到50~60℃，加入剩余各原料，不断搅拌至常温，过滤出料。

所述的抗剥离机械油的制备方法：

(1) 将聚乙二醇单甲醚与2,6-二叔丁基-4-甲基苯酚混合加入去离子水中，搅拌均匀，得聚醚分散液；

(2) 将松香与聚氨酯丙烯酸酯混合，在75~80℃下搅拌10~15min，得酯化松香；

(3) 将磷酸二氢锌加入28%氨水中，搅拌混合6~10min，加入混合均匀的硝酸镧与硅烷偶联剂KH560的混合物，搅拌均匀，得稀土氨液；

(4) 将斯盘-80加入机械油中，搅拌均匀后依次加入上述酯化松香、稀土氨液、聚醚分散液，在100~120℃下保温反应20~30min，脱水，即得所述抗剥离机械油。

产品特性

(1) 本产品将2,6-二叔丁基-4-甲基苯酚与聚乙二醇单甲醚混合分散，提高了聚乙二醇单甲醚的热稳定性，使得聚醚不容易断链，保持了其稳定性；聚氨酯丙烯酸酯与松香都具有很好的黏结性，与上述抗氧化处理后的聚乙二醇单甲醚共混改性后，即使在高温下依然具有很好的附着力，可以有效地提高成品油的抗剥离性；加入的稀土镧离子可以与金属基材表面发生吸氧腐蚀产生的 OH^- 作用生成不溶性配合物，减缓腐蚀的电极反应速率，起到很好的缓蚀效果。

(2) 本产品可有效地避免因雨季或者长期暴晒所导致的金属腐蚀和氧化，适合恶劣的环境，防腐性强，形成的涂膜表面强度高，韧性好，不易损毁，耐候性强。

配方26 防腐润滑防锈油

原料配比

原料	配比(质量份)	原料	配比(质量份)
聚碳酸酯二醇	3	氟钛酸钾	1
稀土成膜液压油	20	乳酸钙	2
N68#机械油	70	烷基化二苯胺	0.7

续表

原料		配比(质量份)
烯丙基聚乙二醇		4
山梨醇酐单硬脂酸酯		1
苯甲酸钠		0.7
中性二壬基萘磺酸钡		4
十四酸异丙酯		2
石墨粉		0.5
防锈剂 T706		6
稀土成膜液压油	丙二醇苯醚	15
	明胶	4
	甘油	2.1
	磷酸三甲酚酯	0.4
	硫酸铝铵	0.4
	液压油	110
	去离子水	105
	氢氧化钠	5
	硝酸铈	3
	十二烯基丁二酸	15
	斯盘-80	0.5

制备方法

(1) 将石墨粉加入烯丙基聚乙二醇中，加热到80～90℃，加入烷基化二苯胺，保温搅拌混合6～10min，加入十四酸异丙酯，搅拌至常温；

(2) 将苯甲酸钠、氟钛酸钾与乳酸钙混合，搅拌均匀后加入聚碳酸酯二醇，在50～60℃下搅拌混合3～5min；

(3) 将上述处理后的各原料混合，搅拌均匀，送入反应釜，加入N68#机械油，在110～120℃下搅拌混合40～50min，脱水，在80～85℃下搅拌混合2～3h；

(4) 将反应釜温度降低到50～60℃，加入剩余各原料，不断搅拌至常温，过滤出料。

所述的稀土成膜液压油的制备方法：

(1) 将磷酸三甲酚酯加入甘油中，搅拌均匀，得醇酯溶液；

(2) 将明胶与上述去离子水质量的40%～55%混合，搅拌均匀后加入硫酸铝铵，放入60～70℃的水浴中，加热10～20min，加入上述醇酯溶液，继续加热5～7min，取出冷却至常温，加入丙二醇苯醚，40～60r/min搅拌混合10～20min，得成膜助剂；

(3) 将十二烯基丁二酸与氢氧化钠混合，搅拌均匀后加入剩余的去离子水中，充分混合，加入硝酸铈，在60～65℃下保温搅拌20～30min，得稀土分散液；

(4) 将斯盘-80加入液压油中，搅拌均匀后加入上述成膜助剂、稀土分散液，在60～70℃下保温反应30～40min，脱水，即得所述稀土成膜液压油。

产品特性

(1) 本产品中加入了稀土成膜液压油，其中将丙二醇苯醚加入本产品的改性明胶体系中，使得其被明胶体系微粒完全吸收，从而提高体系的聚结性能和稳定性，而自身的成膜性也在系统中得到加强；加入的稀土离子可以与金属基材表面发生吸氧腐蚀产生的OH^-作用生成不溶性配合物，减缓腐蚀的电极反应速率，起到很好的缓蚀效果。

（2）本产品具有很好的防腐性，保存期限长，与基材的黏结性强，涂层稳定，涂层的耐候性、耐腐蚀性好，对基材的保护效果持久。本产品还具有很好的润滑效果，可以广泛用于金属工件的加工领域。

配方27 防锈乳化油

原料配比

原料	配比(质量份)					原料	配比(质量份)				
	1#	2#	3#	4#	5#		1#	2#	3#	4#	5#
石油磺酸钡	10	12	13	14	15	乳化硅油	0.2	0.3	0.4	0.5	0.6
石油磺酸钠	3	4	5	6	7	环烷酸锌	5	6	8	9	10
磺化油 DAH	8	11	12	14	15	油酸	2	3	4	5	6
三乙醇胺	2	3	4	5	6	磺化油酸	1	2	3	4	5
丙三醇	0.5	1.2	1.5	1.6	2	10#机油	70	82	85	88	90

制备方法

（1）按照质量份称取各组分；

（2）将10#机油加热到80～90℃，在搅拌的条件下加入石油磺酸钡、石油磺酸钠、三乙醇胺、环烷酸锌，搅拌（搅拌速度可以为50～60r/min）均匀，得到混合液；

（3）将步骤（2）得到的混合液降温至50～60℃，加入剩余组分，搅拌（搅拌速度可以为60～70r/min）均匀，降低温度至室温，即可得到防锈乳化油。

产品应用 本品是一种防锈乳化油，用于钢、铸铁、磨床、车床等，使用浓度为2%～3%，防锈性能好，可以15～20天内不锈，同时本品也可以用作液压油。

产品特性 本产品中石油磺酸钠、磺化油DAH、三乙醇胺、丙三醇和乳化硅油之间能够进行协同作用，形成致密的防锈油膜，不仅能起到防锈作用，而且隔绝了空气，使得乳化油体系稳定，不容易受外界环境影响而产生吸潮现象，延长了防锈周期。本产品乳化安定性能良好，防锈性能达到70天以上。

配方28 输油管线用防锈油

原料配比

原料		配比(质量份)	
		1#	2#
改性丙烯酸树脂	石油树脂	2	2
	甲基丙烯酸羟乙酯	20	22
	甲基丙烯酸甲酯	20	22
	丙烯酸丁酯	20	24
	偶氮二异丁腈	0.5	0.5025
	环己酮	50	35
	双酚A环氧树脂	3	3

续表

原料	配比(质量份)	
	1#	2#
改性丙烯酸树脂	430	380
二甲基硅油	19	14
石油磺酸钡	55	5
水杨酸甲酯	7	5
亚磷酸酯	7	5
1,1,1-三氯乙烷	240	200
二甲苯	248	—
体积比为1:0.5:4的乙酸丁酯、二甲苯和正丁醇	—	346

制备方法

(1) 固含量为48%～52%的改性丙烯酸树脂的制备：将反应原料石油树脂、甲基丙烯酸羟乙酯、甲基丙烯酸甲酯于反应器中混合，反应体系升温至110～115℃时，滴加丙烯酸丁酯和引发剂偶氮二异丁腈，以生产1t计算，滴加速度为150～250L/h，反应3～3.5h，然后将体系升温至125～135℃，再加入环己酮和双酚A环氧树脂，反应25～50min。

(2) 防锈油的制备：反应体系自然降温，在体系降温的同时或体系降至室温后，向上述制备的改性丙烯酸树脂中加入其余所有原料，然后过筛，即得成品防锈油。

产品特性

(1) 原料易得，制备工艺简单。本产品所使用的反应原料市场供应充足，且聚合反应的反应条件温和，易操作，生产成本低。

(2) 产品性能优良。本产品附着力强，闪点高，不龟裂，省油；克服了普通防锈油用于输油管体上，管体带有蓖麻油酸及切屑液而造成附着力下降、易龟裂的缺点。

(3) 成本低。本产品以提高本身的附着力、黏度来提高产品质量、降低成本、以减少有害、有毒溶剂的用量来减轻对环境的污染。

配方29 金属用防锈油

原料配比

原料	配比(质量份)	原料	配比(质量份)
石油磺酸钙	8～12	2,6-二叔丁基对甲酚	0.3～0.7
二壬基萘磺酸钡	13～17	聚甲基丙烯酸酯	8～12
苯并三氮唑	2～5	200#溶剂油	58～65

制备方法 首先将200#溶剂油加热，温度控制在70～90℃，在搅拌下按顺序依次加入石油磺酸钙、二壬基萘磺酸钡、苯并三氮唑、聚甲基丙烯酸酯，待

混合均匀后，冷却至55～65℃，加入2,6-二叔丁基对甲酚搅拌均匀即可。

产品特性 本产品大大延长了金属的防锈时间，解决了传统防锈油使用操作复杂、防锈周期短、防锈后启封使用困难等问题，提高了防锈油的防锈性能及使用效率。使用本产品进行盐雾防锈试验，428h内不锈蚀。

配方30 金属工件防锈油

原料配比

原料	配比(质量份)
煤油	60
轻柴油	20
石油磺酸钡	2
油酸三乙醇胺	3
硬脂酸	3
邻苯二甲酸二辛酯	5
二烷基二硫代磷酸锌	3
2,6-二叔丁基对甲酚	2
烯基丁二酸	4
成膜助剂	3
2-氨乙基十七烯基咪唑啉	2
二甲基硅油	0.3

原料		配比(质量份)
成膜助剂	氯丁橡胶CR121	60
	EVA树脂(VA含量28%)	30
	二甲苯	40
	聚乙烯醇	10
	羟乙基亚乙基双硬脂酰胺	1
	2-正辛基-4-异噻唑啉-3-酮	4
	甲基苯并三氮唑	3
	甲基三乙氧基硅烷	2
	十二烷基聚氧乙烯醚	3
	过氧化二异丙苯	2
	2,5-二甲基-2,5-二(叔丁基过氧化)己烷	0.8

制备方法

(1) 将上述煤油、轻柴油加入反应釜中，搅拌，加热到110～120℃；

(2) 加入上述石油磺酸钡，加热搅拌使其溶解；

(3) 加入上述二烷基二硫代磷酸锌、2,6-二叔丁基对甲酚、烯基丁二酸、硬脂酸，连续脱水1～1.5h，降温至55～60℃；

(4) 加入上述2-氨乙基十七烯基咪唑啉、邻苯二甲酸二辛酯，在55～60℃下保温搅拌3～4h；

(5) 加入剩余各原料，充分搅拌，降低温度至35～38℃，过滤出料。

所述成膜助剂的制备包括以下步骤：

(1) 将上述氯丁橡胶CR121加入密炼机内，在70～80℃下单独塑炼10～20min，然后出料冷却至常温；

(2) 将上述EVA树脂、羟乙基亚乙基双硬脂酰胺、2-正辛基-4-异噻唑啉-3-酮、甲基苯并三氮唑、十二烷基聚氧乙烯醚混合，在90～100℃下反应1～2h，加入上述塑炼后的氯丁橡胶，降低温度到80～90℃，继续反应40～50min，再加入剩余各原料，在60～70℃下反应4～5h。

产品特性 本产品不易变色，不易氧化，不影响工件的外观，综合性能优异，具有高的耐盐雾性、耐湿热性、耐老化性等，可清洗性能好。加入的成膜助剂改善了油膜的表面张力，使得喷涂均匀，在金属工件表面铺展性能好，形成的油膜均匀稳定，提高了对金属的保护作用。

配方31 工件表面防锈油

原料配比

原料	配比(质量份)	原料		配比(质量份)
0＃轻柴油	40	二硬脂酰氧异丙氧基铝酸酯		0.2
100SN 基础油	30	成膜助剂		3
500SN 基础油	25	成膜助剂	十二烯基丁二酸	14
丙酮	1		虫胶树脂	1
癸酸	1		双硬脂酸铝	6
六甲氧甲基三聚氰胺树脂	3		丙二醇甲醚乙酸酯	8
二烷基二硫代磷酸锌	0.6		乙二醇单乙醚	0.3
烷基二苯胺	1		霍霍巴油	0.4

制备方法　将上述0＃轻柴油、100SN 基础油、500SN 基础油混合，加热到110～140℃，加入癸酸、六甲氧甲基三聚氰胺树脂，搅拌冷却至75～80℃，加入丙酮、烷基二苯胺、成膜助剂，搅拌冷却至60～65℃，加入剩余各原料，脱水，保温搅拌3～4h，降低温度至35～40℃，过滤，即得所述防锈油。

所述的成膜助剂的制备方法：将上述双硬脂酸铝加热到80～90℃，加入丙二醇甲醚乙酸酯，充分搅拌后降低温度到60～70℃，加入乙二醇单乙醚，300～400r/min 搅拌分散4～6min，得预混料；将上述十二烯基丁二酸与虫胶树脂在80～100℃下混合，搅拌均匀后加入上述预混料中，充分搅拌后，加入霍霍巴油，冷却至常温，即得所述成膜助剂。

产品特性　本产品具有很好的抗湿热、耐水、耐盐雾、耐腐蚀、抗紫外线等性能。加入的成膜助剂改善了成膜效果，增强了涂膜的稳定持久性，能够应用在各种金属工件表面，可以起到很好的防锈保护作用。

配方32 库存工件防锈油

原料配比

原料	配比(质量份)		原料	配比(质量份)	
	1＃	2＃		1＃	2＃
3＃航空煤油	62	65	二乙二醇单乙醚	3	5
环烷酸锌(含锌量为5%～7%)	6	5	凡士林	0.2	0.2
乙烯基三乙氧基硅烷	2	3	2,6-二叔丁基对甲酚	0.2	0.2
十二烯基丁二酸	3	2			

制备方法

(1) 将3＃航空煤油加入反应釜中，加热搅拌至50～80℃；

(2) 加入环烷酸锌、乙烯基三乙氧基硅烷、十二烯基丁二酸和二乙二醇单乙醚，升温至120～130℃，充分搅拌直至航空煤油充分脱水；

(3) 将温度降至40～50℃，加入凡士林和2,6-二叔丁基对甲酚，滤去杂质即可得防锈油。

产品特性 本产品对库存工件的防锈尤为明显，对于铸铁和铜等都有极好的防锈效果，工件防腐封存时间达2年以上，更重要的是，封存过程中防锈油不易变色，不易氧化，且去封存简单方便，用棉纱蘸少许煤油或汽油即可擦去封存防锈油，不影响工件的外观，综合性能优良，通用性强。

配方33 无毒防锈油

原料配比

原料	配比(质量份)			原料	配比(质量份)		
	1#	2#	3#		1#	2#	3#
蓖麻籽油	10	5	20	凡士林	10	5	20
羊毛脂	20	10	40	活性炭	0.2	0.1	0.4

制备方法

(1) 将蓖麻籽油加入反应釜中加热，温度100～110℃，时间2～4min；

(2) 将步骤(1)制得的蓖麻籽油冷却至46℃，加入凡士林充分搅拌均匀，再加入羊毛脂搅拌均匀，冷却即得无毒防锈油。

产品特性

(1) 由于本产品的原料来源于天然的动物及植物，因此无毒且天然环保，对人体无伤害。

(2) 制成的防锈油呈糊状，只需将之涂抹在检具或者夹具上即可，而且不会流失，使用方便，防锈效果好。

配方34 防锈油组合物

原料配比

原料	配比(质量份)			原料	配比(质量份)		
	1#	2#	3#		1#	2#	3#
石油磺酸钡	1	5	3	烯基丁二酸	0.1	0.5	0.3
石油磺酸钠	1	5	3	聚甲基丙烯酸酯	0.1	1	0.5
环烷酸锌	5	15	10	2,6-二叔丁基对甲酚	0.5	1	0.8
磷酸三丁酯	1	4	2	20#机油	90	100	95

制备方法 在20#机油中依次加入上述剩余原料，搅拌均匀至完全溶解即可。

产品应用 本品是一种防锈油组合物。

产品特性 本产品设计合理，使用方便，能在金属表面形成薄油膜，具有润滑、防锈的功能，防锈期长。

配方35 工件保护防锈油

原料配比

原料	配比(质量份)			原料	配比(质量份)		
	1#	2#	3#		1#	2#	3#
变压器油	45	30	60	羊毛脂	19	18	20
汽油	20	10	30	正丁醇	5	4	6
石油磺酸钡	12	10	14				

制备方法 将各组分原料混合均匀即可。

产品特性 本产品可以有效地保护工件的表面，实用性强，适合相关行业的广泛使用。

配方36 轴承防锈油

原料配比

原料		配比(质量份)					
		1#	2#	3#	4#	5#	6#
基础油	HVI II2	41.5	51.5	40	—	—	—
	HVI150	40	—	—	82.9	52.7	38.2
	HVI150BS	—	30	—	—	—	—
	HVI 350	—	—	45.4	—	30	—
	HVI II4	—	—	—	—	—	45
防锈剂	T701(石油磺酸钡)	10	—	—	10	—	—
	ALOX 2028(合成磺酸钡)	5	—	—	—	—	—
	NA-SULBSN(合成磺酸钡复合物)	—	6	—	—	—	6
	T705(二壬基萘磺酸钡)	—	8	—	5	—	—
	LT-855H(合成磺酸钡)	—	—	7	—	5	8
	T705A(中性二壬基萘磺酸钡)	—	—	5	—	—	—
	Lockguard 3650(合成中性磺酸钡)	—	—	—	—	10	—
合成酯	邻苯二甲酸二辛酯	2	—	—	—	—	—
	三羟甲基丙烷油酸酯	—	3	—	—	—	—
	季戊四醇硬脂酸酯	—	—	2	—	—	—
	$C_{12\sim14}$脂肪醇酯	—	—	—	1	1	—
	邻苯二甲酸二丁酯	—	—	—	—	—	1
极压抗磨剂	硫代磷酸三苯酯	1	—	—	0.5	—	—
	磷酸铵盐	—	1	—	—	—	—
	硫化异丁烯	—	—	0.5	—	—	—
	硫化脂肪酸酯	—	—	—	—	0.8	—
	脂肪酸	—	—	—	—	—	0.8

续表

原料		配比(质量份)					
		1#	2#	3#	4#	5#	6#
其他添加剂	苯并三氮唑	0.5	—	—	—	—	—
	二壬基二苯基胺	—	5	—	—	—	—
	苯三唑衍生物	—	—	0.1	—	—	—
	N-氨基-*α*-萘胺	—	—	—	0.6	—	—
	2,6-二叔丁基-*α*-二甲氨基对甲酚	—	—	—	—	0.5	—
	2,6-二叔丁基混合酚	—	—	—	—	—	1

制备方法 将基础油于60～90℃加热搅拌，加入防锈剂、合成酯、极压抗磨剂和其他添加剂，于45～55℃恒温搅拌1～2h，真空循环过滤0.5～2h，最后依次经过10μm、5μm和2μm袋式过滤，即得所述防锈油组合物。

产品应用 本品是一种防锈油组合物，用于轴承产品的封存防锈和轴承试验的减振降噪。

产品特性 本产品能兼顾防锈性能和清洁度，并且在满足产品防锈性能、清洁度和过滤性能的前提下，不影响产品的减振性能。盐雾试验能超过48h，轴承产品封存包装在室内能防锈1～2年。

配方37 防锈油组合物

原料配比

原料		配比(质量份)						
		1#	2#	3#	4#	5#	6#	7#
防锈剂	石油磺酸镁	6	6	6	—	—	6	—
	石油磺酸钠	2.5	—	—	2	3	—	—
	石油磺酸钡	—	2.5	—	8	—	—	—
	中碱值石油磺酸钙	6	—	—	—	—	—	3
	十二烯基丁二酸单酯	1	1	1	2	—	—	—
	十二烯基丁二酸	—	—	—	—	2	0.5	1
	十七烯基咪唑啉烯基丁二酸盐	2	—	—	—	2	—	—
	高碱值石油磺酸钙	—	2	3	3	—	—	—
	环烷酸锌	—	4	2	—	3	—	3
	壬基酚醚磷酸酯	—	—	2	—	—	—	—
	二壬基石油磺酸钡	—	—	—	—	4	—	8
抗氧剂	T501	0.5	—	—	1	0.3	—	—
	2,6-二叔丁基-*α*-二甲氨基对甲酚	—	1	—	—	—	—	—
	T531	—	—	1	—	—	—	—
	2,6-二叔丁基混合酚	—	—	—	—	—	0.5	—
	T502	—	—	—	—	—	—	0.8

续表

原料		配比(质量份)						
		1#	2#	3#	4#	5#	6#	7#
基础油	HV II	85	—	—	—	—	80	—
	10#变压器油	—	81	—	78	—	—	—
	MVI60SN	—	—	—	—	81.2	—	78.7
	HVI75SN	—	—	77	—	—	—	—
表面活性剂	壬基酚聚氧乙烯醚	—	1	—	1	0.5	—	—
	失水山梨醇单油酸酯	—	—	—	—	1	1	—
	辛醇聚氧乙烯醚	—	—	—	—	—	—	0.5
减磨剂	季戊四醇油酸酯	—	—	8	—	—	12	—
	硬脂酸异辛酯	—	—	—	5	—	—	—
	菜籽油	—	—	—	—	3	—	—
	椰子油	—	—	—	—	—	—	4
	苯并三氮唑脂肪酸盐	—	—	—	—	—	—	1

制备方法

(1) 将40%～80%的基础油加热搅拌，升温至50～100℃；

(2) 向上述步骤(1)的基础油中加入所需量的防锈剂和抗氧剂、表面活性剂、减磨剂，继续加热至95～130℃，恒温搅拌0.5～6h，形成混合物Ⅰ；

(3) 向混合物Ⅰ中加入剩余的基础油，搅拌均匀得防锈油组合物。

产品应用 本品是一种对水分要求苛刻的防锈油组合物。

产品特性 本产品生产方法适用于防锈油的生产，尤其适用于要求水分含量非常低的防锈油的生产。先将一部分基础油和全部的添加剂混合，在高温下脱水，保证了组合物的低水含量；再加入剩余的基础油，可以迅速降低混合物的温度，缩短生产时间，还可以节约冷却物料所需的能量。同时，由于物料承受高温的时间缩短，因而可以防止防锈油过度氧化。采用本产品方法生产防锈油组合物，生产过程中不需要冷却降温，生产时间可缩短至5h，水分含量可以降低至218μg/g，取得了较好的技术效果。

配方38 金属刀片用防锈油

原料配比

原料		配比(质量份)					
		1#	2#	3#	4#	5#	6#
基础油	MVI150	34	—	—	—	—	—
	D80	50	—	—	—	—	—
	HVII 2	—	46	—	—	—	—
	D40	—	40	—	—	—	—
	D60	—	—	81	—	—	—

续表

原料		配比(质量份)					
		1#	2#	3#	4#	5#	6#
基础油	25#变压器油	—	—	5	—	—	—
	HVIIb 75	—	—	—	73.5	—	—
	聚α-烯烃	—	—	—	10	—	—
	10#变压器油	—	—	—	—	85.5	—
	HVI75	—	—	—	—	—	76.5
	HVI II 2	—	—	—	—	—	8
防锈添加剂	RT-100	7	—	—	—	—	—
	ALOX 2188	8	—	—	—	—	—
	NA-SUL 1086 A	—	8	—	—	—	—
	yx-7510	—	4	—	—	—	—
	NA-SUL 1259	—	—	12	—	—	—
	yx-7510	—	—	—	10	—	—
	ALOX 1680	—	—	—	5	—	—
	NA-SUL 1183	—	—	—	—	13	—
	NA-SUL 1183	—	—	—	—	—	8
	NA-SUL 1259	—	—	—	—	—	6
其他添加剂	聚乙烯醇	0.5	—	—	—	—	1
	脂肪醇	—	1	1	—	1	—
	聚氧乙烯醚	—	—	0.5	1	—	—
抗氧剂	苯三唑衍生物	0.5	—	—	—	—	—
	N-氨基-α-萘胺	—	1	—	—	—	—
	对苯二酚	—	—	0.5	—	—	—
	2,6-二叔丁基对甲酚	—	—	—	0.3	—	—
	2,6-二叔丁基-α-二甲氨基对甲酚	—	—	—	—	0.5	—
	2,6-二叔丁基混合酚	—	—	—	—	—	0.5

制备方法 先将基础油加入调和釜中，于40～60℃下搅拌，再加入防锈剂添加剂、其他添加剂、抗氧剂，于45～55℃下搅拌1～8h，检验合格后过滤灌装。

产品应用 本品是一种防锈油组合物，用于紧密叠加的金属刀片的防锈。

产品特性 该油品具有高抗叠片性能、良好的渗透性、良好的防锈性，外观透明清澈。本产品的抗叠片性能测试高达49天以上，实际仓储存放美工刀片抗叠片性能2年以上，合金钢美工刀片能防锈1～2年；油膜涂层薄，易于去除。

配方39 不锈钢连续轧机轧制用防锈油

原料配比

原料	配比(质量份)			原料	配比(质量份)		
	1#	2#	3#		1#	2#	3#
脂肪醇聚氧乙烯醚	25	30	28	椰子油脂肪酸二乙醇酰胺	5	10	7
水溶性磷酸酯	10	15	13	二乙二醇	1	5	2
硬脂酸酰胺	5	10	8	氢氧化钠	1	4	3
苯并三氮唑	2	5	4	二烷基二硫代氨基甲酸锌	5	10	8
钼酸钠	3	8	5	磷酸三甲酚酯	15	20	16

制备方法 将原料在1000～2000r/min的搅拌机中于50～100℃下混合均匀。

产品应用 本品主要用于不锈钢连续轧机轧制工艺中防锈。

产品特性 本产品具有适宜的极压抗磨性、优异的板面清净性和防锈性。

配方40 工件长期封存防锈油

原料配比

原料		配比(质量份)	
		1#	2#
基础油	溶剂油	815	—
	聚α-烯烃合成油	—	845
石油磺酸钡		10	40
二壬基磺酸钡		30	20
十二烯基丁二酸		5	15
苯并三氮唑		4.5	4.5
邻苯二甲酸二丁酯		45.5	45.5
复合酯(二季戊四醇酯、己二酸和新癸酸的质量比为4∶5∶3)		10	—
复合酯(三羟甲基丁烷、戊二酸和癸醇的质量比为3∶4∶2)		—	30

制备方法 将基础油升温至60～80℃，依次加入石油磺酸钡、二壬基磺酸钡、十二烯基丁二酸、苯并三氮唑和邻苯二甲酸二丁酯，再加入制备好的复合酯，搅拌至物料完全溶解后过滤，得到成品。

产品应用 本品主要用于金属工件的长期封存防锈，如发动机、齿轮箱、泵的内部的表面防锈。

产品特性 本产品同时具有油膜型防锈油与软膜型防锈油的优点，防锈时间长，涂覆该防锈油的工件在使用前无需清洗，可直接投入使用，无需添加额外的润滑添加剂。

配方41 稳定性良好的防锈油

原料配比

原料	配比(质量份)					原料	配比(质量份)				
	1#	2#	3#	4#	5#		1#	2#	3#	4#	5#
醇酸树脂	6	8	9	10	10	斯盘-80	0.5	0.6	0.7	0.8	1
氧化石油脂钡皂	4	5	6	7	8	聚甘油脂肪酸酯	0.2	0.3	0.4	0.5	0.8
蓖麻籽油	2	3	4	5	6	邻苯二甲酸二丁酯	1	2	3	4	5
石油磺酸钙	8	10	12	13	15	石油磺酸钠	1	2	3	4	5

制备方法

(1) 将醇酸树脂、氧化石油脂钡皂、蓖麻籽油和邻苯二甲酸二丁酯混合加热到60～80℃，搅拌均匀，加入斯盘-80和聚甘油脂肪酸酯搅拌至混合液均匀分散，继续搅拌10～20min；

(2) 将石油磺酸钙和石油磺酸钠加入步骤(1)得到的混合液中，保持70～80℃，搅拌10～20min。

产品特性 本产品有机稳定性良好，腐蚀试验与盐水浸渍试验都合格，湿热试验能够达到50天以上，防锈周期能达到30天以上。

配方42 金属基材防锈油

原料配比

原料		配比(质量份)									
		1#	2#	3#	4#	5#	6#	7#	8#	9#	10#
基础油	溶剂汽油	90	85	80	75	55	95	55	—	—	—
	煤油	—	—	—	—	—	—	—	80	90	87.8
复合防锈剂	乙酰丙酮镧	4	—	—	—	—	—	—	—	—	—
	乙酰丙酮铕	—	5	—	—	—	—	—	—	—	—
	乙酰丙酮镨	—	—	5	—	—	—	—	—	—	—
	乙酰乙酸镧	—	—	—	4	—	—	—	—	—	—
	乙酰乙酸铕	—	—	—	—	10	—	—	—	—	—
	乙酰乙酸镨	—	—	—	—	—	2.5	—	—	—	—
	乙酰基苯乙酰酮镧	—	—	—	—	—	—	5	—	—	—
	乙酰基苯乙酰酮铕	—	—	—	—	—	—	—	4.9	—	—
	乙酰基苯乙酰酮镨	—	—	—	—	—	—	—	—	3	0.1
	石油磺酸钡	1	5	10	16	11	2.5	10	10	2	0.1
	石油磺酸钙	—	—	—	—	—	—	—	5	—	—
	环烷酸锌	—	—	—	—	—	—	—	—	2	—
	苯并三氮唑	2	2	2	—	—	—	5	0.1	0.5	—
	工业羊毛脂	3	—	—	3	—	—	25	—	2.5	12
	十二烯基丁二酸	—	3	—	2	10	—	—	—	—	—
	氧化石油脂	—	—	3	—	14	—	—	—	—	—

制备方法 将基础油放入反应釜中，加入复合防锈剂加热搅拌到脱水，过滤即得防锈油。所述过滤使用500～1000目的过滤网，粒度大致在10～30μm，可以除去杂质颗粒。

产品应用 本品是一种防锈油，使用时将金属基材浸渍在防锈油中，浸渍时间为1～3min，并不断振动金属基材。所述金属基材没有特别的限制，可以是马口铁、高碳钢、镀锌板、黄铜、青铜、白铜等。

产品特性 本产品具有很好的抗湿热性能、抗盐雾性能及抗大气性能，在这种环境中都可以长时间防锈。

配方43 金属材料防锈油

原料配比

原料	配比(质量份)			原料	配比(质量份)		
	1#	2#	3#		1#	2#	3#
叔丁基酚甲醛树脂	10	15	20	石油磺酸钙	0.1	1	2
醇酸树脂	2	6	10	OP-8乳化剂	1	3	3
氧化石油脂钡皂	5	15	20	汽油	20	25	30
二壬基萘磺酸钡	2	6	8				

制备方法 将各组分混合均匀即可。

产品应用 本品是用于处理金属材料的防锈油，可用于钢、铸铁及铜合金等材质的防锈。

产品特性 本产品价格低廉、用量少，具有优异的防锈效果，涂层光亮透明、清洁美观且对产品质量无影响，制备工艺简单，可大规模生产。

配方44 脱水型防锈油

原料配比

原料		配比(质量份)			
		1#	2#	3#	4#
基础油	普通机械油(L-AN 32)	92	92	92	—
	200#溶剂汽油	—	—	—	45
	普通机械油(L-AN46)	—	—	—	40
	活性炭	1.84	2.76	—	1.7
	蒙脱土	4.6	4.6	4.6	1.7
添加剂	等量石油磺酸钡、石油磺酸钠、苯并三氮唑的混合物	5	5	5	—
	质量分数比为5∶4∶1的石油磺酸钡、苯并三氮唑、二壬基萘磺酸钡	—	—	—	8
	2,6-二叔丁基对甲酚	2	2	2	1
	N-油酰肌氨酸十八胺	—	—	—	1
	邻苯二甲酸二丁酯	0.5	0.5	0.5	—
	丙醇	0.5	0.5	0.5	—

续表

原料		配比(质量份)			
		1#	2#	3#	4#
添加剂	磺化羊毛脂钙皂	—	—	—	2.2
	工业凡士林	—	—	—	1
	甲基丙烯酸酯	—	—	—	1.8

制备方法

(1) 加热搅拌基础油使活性炭和蒙脱土吸收基础油中的水分，然后真空抽滤除去蒙脱土和活性炭；

(2) 在步骤 (1) 处理后的基础油中加入添加剂，加热搅拌至完全溶解，冷却后得到所述防锈油。

产品特性 本产品利用蒙脱土和活性炭吸收基础油中的水分，降低防锈油的含水量，延长防锈油的使用寿命，使防锈油的防锈效果更优良，大大提升了防锈油的使用性能。

配方45 酚醛树脂防锈油

原料配比

原料	配比(质量份)	原料		配比(质量份)
乙酸异丁酸蔗糖酯	2	成膜机械油		5
油溶性酚醛树脂	6	成膜机械油	去离子水	60
六氟乙酰丙酮	0.5		十二碳醇酯	7
邻苯二甲酸酐	0.6		季戊四醇油酸酯	3
异丙醇铝	1		交联剂 TAIC	0.2
氧化聚乙烯蜡	4		三乙醇胺油酸皂	3
2-溴-4-甲基苯酚	2		硝酸镧	3～4
二丙酮醇	2		机械油	100
石油磺酸钠	5		磷酸二氢锌	10
抗氧剂 1010	0.7		28%氨水	50
500SN 基础油	80		硅烷偶联剂 KH560	0.2
二甲基丙基甲烷	0.4			

制备方法

(1) 将油溶性酚醛树脂与氧化聚乙烯蜡混合，在 60～70℃下加热混合 7～10min，加入异丙醇铝，搅拌均匀，加入 500SN 基础油中，搅拌均匀；

(2) 将上述处理后的原料加入反应釜中，加入石油磺酸钠、二丙酮醇，在 100～120℃下搅拌混合 20～30min，加入六氟乙酰丙酮，降低温度到 80～90℃，脱水，搅拌混合 2～3h；

(3) 将反应釜温度降低到 50～60℃，加入剩余各原料，不断搅拌至常温，过滤出料。

所述的成膜机械油的制备方法：

(1) 取三乙醇胺油酸皂质量的20%～30%加入季戊四醇油酸酯中，在60～70℃下搅拌混合30～40min，得乳化油酸酯；

(2) 将十二碳醇酯加入去离子水中，搅拌条件下依次加入乳化油酸酯、交联剂TAIC，在73～80℃下搅拌混合1～2h，得成膜助剂；

(3) 将磷酸二氢锌加入28%氨水中，搅拌混合6～10min，加入混合均匀的硝酸镧与硅烷偶联剂KH560的混合物，搅拌均匀，得稀土氨液；

(4) 将剩余的三乙醇胺油酸皂加入机械油中，搅拌均匀后加入上述成膜助剂、稀土氨液，在120～125℃下保温反应20～30min，脱水，即得所述成膜机械油。

产品特性

(1) 本产品加入的成膜机械油中的季戊四醇油酸酯具有优异的润滑性、良好的表面成膜性，与十二碳醇酯共混改性，可以明显提高成品的成膜效果，降低成膜温度；加入的稀土镧离子可以与金属基材表面发生吸氧腐蚀产生的OH^-作用产生不溶性配合物，减缓腐蚀的电极反应速率，起到很好的缓蚀效果。

(2) 本产品加入的油溶性酚醛树脂不仅可以有效地促进与各物料相容，还可以增强成膜性，提高油膜与基材的黏结强度，提高抗剥离强度，提高油膜的表面抗性。

配方46 封存防锈油

原料配比

原料	配比(质量份)	原料		配比(质量份)
20＃航空润滑油	100	成膜助剂		5
二壬基萘磺酸钡	10	成膜助剂	古马隆树脂	50
石油醚	5		甲基丙烯酸甲酯	6
高碱值硫化烷基酚钙	14		异丙醇铝	1
二烷基二苯胺	7		三羟甲基丙烷三丙烯酸酯	3
2-氨乙基十七烯基咪唑啉	1		斯盘-80	0.5
N,*N*-二正丁基二硫代氨基甲酸铜	0.6		脱蜡煤油	26
二烷基二硫代磷酸锌	0.3		棕榈酸	1
油酸钾	0.8			

制备方法

(1) 将上述20＃航空润滑油加入反应釜中，搅拌，加热到110～120℃，加入二壬基萘磺酸钡、高碱值硫化烷基酚钙，搅拌混合1～2h；

(2) 将上述成膜助剂加入另一反应釜内，调整反应釜温度为100～110℃，加入油酸钾、*N*,*N*-二正丁基二硫代氨基甲酸铜，搅拌混合1～2h；

(3) 将上述两个反应釜内物料混合，连续脱水1～2h，降温至50～60℃，加入剩余各原料，保温搅拌3～5h，降低温度到30～35℃，过滤出料。

所述的成膜助剂的制备方法：

（1）将上述古马隆树脂加热至 75～80℃，加入甲基丙烯酸甲酯，搅拌至常温，加入脱蜡煤油，在 60～80℃下搅拌混合 30～40min；

（2）将异丙醇铝与棕榈酸混合，球磨均匀，加入三羟甲基丙烷三丙烯酸酯，在 80～85℃下搅拌混合 3～5min；

（3）将上述处理后的各原料混合，加入剩余原料，500～600r/min 搅拌分散 10～20min，即得所述成膜助剂。

产品应用 本品主要用于航空涡轮发动机燃油系统的封存。

产品特性 本产品具有很好的流动性、机油高温沉积抑制性能和耐热性能，可满足发动机 3 年的长期油封。

配方47 封存仪表零件用防锈油

原料配比

原料	配比(质量份)			原料	配比(质量份)		
	1#	2#	3#		1#	2#	3#
石油磺酸钡	30	50	40	羧酸盐	12	18	15
灯用煤油	20	30	25	氧化蜡盐	8	12	10

制备方法 将各组分原料混合均匀即可。

产品特性 本产品防锈周期长，可以对仪表表面进行防护，为企业减少了损失。本产品实用性强，适合相关行业的广泛使用。

配方48 复合软膜防锈油

原料配比

原料	配比(质量份)	原料		配比(质量份)
四甲基氢氧化铵	0.6	煤油		20
环氧棉籽油酸丁酯	3	抗剥离机械油		6
己二酸丙二醇聚酯	2	抗剥离机械油	聚乙二醇单甲醚	3
烯丙基硫脲	1		2,6-二叔丁基-4-甲基苯酚	0.2
石油磺酸钙	3		松香	6
偏苯三酸酯	1		聚氨酯丙烯酸酯	1
植脂末	0.3		斯盘-80	3
尿素	2		硝酸镧	3～4
碳酸二环己胺	0.6		机械油	100
苯并三氮唑	1		磷酸二氢锌	10
10#机械油	70		28%氨水	50
十二烯基丁二酸半酯	3		去离子水	30
妥尔油	2		硅烷偶联剂 KH560	0.2

制备方法

(1) 将尿素与己二酸丙二醇聚酯混合，在70～80℃下搅拌4～10min，加入石油磺酸钙、妥尔油，继续保温混合3～5min，加入煤油，升高温度到100～110℃，加热混合10～20min；

(2) 将上述处理后原料加入反应釜中，加入10＃机械油，在100～120℃下搅拌混合20～30min，加入十二烯基丁二酸半酯，降低温度到80～90℃，脱水，搅拌混合2～3h；

(3) 将反应釜温度降低到50～60℃，加入剩余各原料，不断搅拌至常温，过滤出料。

所述的抗剥离机械油的制备方法：

(1) 将聚乙二醇单甲醚与2,6-二叔丁基-4-甲基苯酚混合加入去离子水中，搅拌均匀，得聚醚分散液；

(2) 将松香与聚氨酯丙烯酸酯混合，在75～80℃下搅拌10～15min，得酯化松香；

(3) 将磷酸二氢锌加入28%氨水中，搅拌混合6～10min，加入混合均匀的硝酸镧与硅烷偶联剂KH560的混合物，搅拌均匀，得稀土氨液；

(4) 将斯盘-80加入机械油中，搅拌均匀后依次加入上述酯化松香、稀土氨液、聚醚分散液，在100～120℃下保温反应20～30min，脱水，即得所述抗剥离机械油。

产品应用 本品是一种复合软膜防锈油，可作为封存防锈油。

产品特性 本产品具有良好的吸水性能和汁液置换性能，能快速置换工件上残留的水分，特别适用于作为封存防锈油。该防锈油形成的油膜质软，不易变色、不易软化，抗静态腐蚀性强，保护长效持久。

配方49 富马酸二甲酯气相缓释防锈油

原料配比

原料	配比(质量份)	原料		配比(质量份)
20＃溶剂油	150	富马酸二甲酯		12
二茂铁	2.5	成膜树脂		5
聚异丁烯	1.5	改性凹凸棒土		1.5
尿素	1.5	成膜树脂	十二烷基醚硫酸钠	4
二异丙基乙醇胺	2.5		液化石蜡	17
对叔丁基苯甲酸	2		3-氨丙基三甲氧基硅烷	4
苯并三氮唑	2		三乙烯二胺	13
2-氨乙基十七烯基咪唑啉	1.5		环氧大豆油	12
二烯丙基胺	1.5		二甲苯	14
十二烷基苯磺酸钠	2.5		交联剂TAIC	7
二烷基二硫代磷酸锌	3.5		松香	4
二甲基硅油	3		锌粉	3

续表

原料		配比(质量份)	原料		配比(质量份)
改性凹凸棒土	凹凸棒土	100	改性凹凸棒土	氢氧化铝粉	1～2
	15%～20%双氧水	适量		钼酸钠	2～3
	去离子水	适量		交联剂 TAC	1～2

制备方法 首先制备成膜树脂和改性凹凸棒土，然后按配方要求将各种成分在80～90℃下混合搅拌30～40min，冷却后过滤即可。

所述的成膜树脂按以下步骤制成：

(1) 将十二烷基醚硫酸钠、液化石蜡、3-氨丙基三甲氧基硅烷、三乙烯二胺、环氧大豆油、二甲苯、交联剂TAIC加入不锈钢反应釜中，升温至110℃±5℃，开动搅拌加入松香、锌粉；

(2) 以30～40℃/h的速率升温到205℃±2℃；

(3) 当酸值（以KOH计）达到15mg/g以下时停止加热，放至稀释釜；

(4) 冷却到70℃±5℃搅匀得到成膜树脂。

所述的改性凹凸棒土按以下步骤制成：

(1) 凹凸棒土用15%～20%双氧水泡2～3h后，再用去离子水洗涤至中性，烘干；

(2) 在凹凸棒土中，加入氢氧化铝粉、钼酸钠、交联剂TAC，高速（4000～4500r/min）搅拌20～30min，烘干粉碎成450～550目粉末。

产品应用 本品主要用于武器装备和民用金属材料的长期防锈，主要用于密闭内腔系统，对各种金属都有防锈功能。

产品特性 本产品既具有接触性防锈特性，又具有气相防锈的优越性能，可以广泛应用于机械设备等内腔以及其他接触或非接触的金属部位的防锈。

配方50 改性凹凸棒土气相缓释防锈油

原料配比

原料	配比(质量份)	原料		配比(质量份)
120#溶剂油	150	二甲基硅油		6
二茂铁	1.5	环氧四氢邻苯二甲酸二辛酯		13
聚异丁烯	5	成膜树脂		5.5
N-苯基-2-萘胺	2	改性凹凸棒土		1.5
苯并三氮唑	2	成膜树脂	十二烷基醚硫酸钠	4
2-氨乙基十七烯基咪唑啉	1.5		液化石蜡	16
1-羟基苯并三氮唑	1.5		3-氨丙基三甲氧基硅烷	4
二烷基二硫代磷酸锌	2.5		三乙烯二胺	13
十二烷基苯磺酸钠	1.5		环氧大豆油	12

续表

原料		配比(质量份)	原料		配比(质量份)
成膜树脂	二甲苯	14	改性凹凸棒土	凹凸棒土	100
				15%～20%双氧水	适量
	交联剂 TAIC	7		去离子水	适量
				氢氧化铝粉	1～2
	松香	4		钼酸钠	2～3
	锌粉	3		交联剂 TAC	1～2

制备方法 首先制备成膜树脂和改性凹凸棒土，然后按配方要求将各种成分在 80～90℃下混合搅拌 30～40min，冷却后过滤即可。

所述的成膜树脂按以下步骤制成：

(1) 将十二烷基醚硫酸钠、液化石蜡、3-氨丙基三甲氧基硅烷、三乙烯二胺、环氧大豆油、二甲苯、交联剂 TAIC 加入不锈钢反应釜中，升温至 110℃±5℃，开动搅拌加入松香、锌粉；

(2) 以 30～40℃/h 的速率升温到 205℃±2℃；

(3) 当酸值（以 KOH 计）达到 15mg/g 以下时停止加热，放至稀释釜；

(4) 冷却到 70℃±5℃搅匀得到成膜树脂。

所述的改性凹凸棒土按以下步骤制成：

(1) 凹凸棒土用 15%～20%双氧水泡 2～3h 后，再用去离子水洗涤至中性，烘干；

(2) 在凹凸棒土中，加入氢氧化铝粉、钼酸钠、交联剂 TAC，高速（4500～4800r/min）搅拌 20～30min，烘干粉碎成 500～600 目粉末。

产品应用 本品主要用于武器装备和民用金属材料的长期防锈，主要用于密闭内腔系统，对各种金属多有防锈功能。

产品特性

(1) 本产品既具有接触性防锈特性，又具有气相防锈的优越性能。

(2) 本防锈油的耐盐雾性能较好，并且对多种金属都具有良好的效果。

配方51 钢管扩径极压防锈乳化油

原料配比

原料	配比(质量份)	原料	配比(质量份)
T321 硫化异丁烯	1	石油磺酸钠	6
稀土缓蚀液压油	20	十二烷基二甲基叔胺	1
250SN 基础油	100	十二烯基丁二酸半酯	7
肌醇六磷酸酯	0.9～2	一缩二乙二醇苯甲酸酯	2
苯甲酸钠	2	8-羟基喹啉	0.5
棕榈油	5	烷基酚聚氧乙烯醚	2
马来酸	1～2	三乙醇胺	0.5

续表

原料		配比(质量份)	原料		配比(质量份)
稀土缓蚀液压油	聚环氧琥珀酸	3	稀土缓蚀液压油	液压油	110
	正硅酸四乙酯	3		去离子水	80
	磷酸二氢钠	2		氢氧化钠	5
	十二烷基硫酸钠	0.8		硝酸铈	4
	氧化铝	0.7		斯盘-80	0.5
	十二烯基丁二酸	15			

制备方法

(1) 将马来酸加入2～3倍水中，搅拌均匀，加入苯甲酸钠、三乙醇胺，在60～70℃下搅拌混合6～10min；

(2) 将烷基酚聚氧乙烯醚与上述250SN基础油质量的30%～40%混合，搅拌均匀，加入一缩二乙二醇苯甲酸酯，在50～60℃下保温搅拌10～20min；

(3) 将十二烯基丁二酸半酯、石油磺酸钠混合，搅拌均匀后加入T321硫化异丁烯，在80～90℃下保温搅拌15～30min；

(4) 将上述处理后的各原料混合，送入反应釜，加入剩余的250SN基础油，充分搅拌均匀，脱水，在80～85℃下搅拌混合2～3h；

(5) 将反应釜温度降低到50～60℃，加入剩余各原料，不断搅拌至常温，过滤出料。

所述的稀土缓蚀液压油的制备方法：

(1) 将磷酸二氢钠与上述去离子水质量的16%～20%混合，搅拌均匀后加入聚环氧琥珀酸，充分混合，得酸化缓蚀剂；

(2) 取剩余去离子水质量的40%～50%与十二烷基硫酸钠混合，搅拌均匀，加入正硅酸四乙酯、氧化铝，搅拌条件下滴加氨水，调节pH为7.8～9，搅拌均匀，得硅铝溶胶；

(3) 将十二烯基丁二酸与氢氧化钠混合，搅拌均匀后加入剩余的去离子水中，充分混合，加入硝酸铈，在60～65℃下保温搅拌20～30min，得稀土分散液；

(4) 将斯盘-80加入液压油中，搅拌均匀后加入上述稀土分散液、酸化缓蚀剂、硅铝溶胶，在80～90℃下保温反应20～30min，脱水，即得所述稀土缓蚀液压油。

产品特性 本产品具有适宜的黏度，保证在极压状态下有较厚的油膜，乳化性能良好，钢管扩径加工后表面残留的油膜容易用水冲洗干净，缩短水洗时间，提高了生产效率。

配方52 高晶质金属加工用工序防锈油

原料配比

原料	配比(质量份)			原料	配比(质量份)		
	1#	2#	3#		1#	2#	3#
矿物油	65	75	90	表面活性剂	1	3	5
有机羧酸	2	3	5	合成润滑剂	5	10	15
有机胺	2	3	5	防腐蚀剂	—	3	5

制备方法 将各组分原料混合均匀即可。

原料介绍

所述的矿物油是石蜡基基础油、环烷基基础油、中间基基础油中的一种或几种的混合物。

所述的有机羧酸是含8～20个碳原子的长链羧酸和/或含8～20个碳原子的长链羧酸的二元至六元共聚物。

所述的有机胺是1,2-二甲基丙胺、三乙醇胺、己二胺、三异丙醇胺、*N*,*N*-二乙基乙醇胺、2-氨基-2-甲基-1-丙醇、己内酰胺中的一种或几种。

所述的表面活性剂是脂肪醇聚氧乙烯醚（$n=5\sim12$）、脂肪醇聚氧乙烯聚氧丙烯醚、脂肪醇醇酰胺、脂肪醇聚氧乙烯酯（$n=5\sim12$）、磺酸盐、脂肪酸甘油酯、斯盘、吐温中的一种或几种的混合物。

所述的合成润滑剂是精制菜油、大豆油、桐油、棕榈油、椰子油、三羟甲基丙烷油酸酯、季戊四醇酯、油酸异辛酯、己二酸二辛酯、棕榈酸辛酯中的一种或几种。

所述的防腐蚀剂是苯并三氮唑、甲基苯并三氮唑。

产品特性 本产品具有优异的水置换性，水置换时间≤6s，水置换率≥99.9%；在金属表面形成的油膜厚度≤0.8μm；配方原料不使用影响环境安全和人体健康的有毒、有害物质，安全可靠。

配方53 工件高抗湿热防锈油

原料配比

原料	配比(质量份)	原料		配比(质量份)
25#变压油	35	成膜助剂		2～4
150SN基础油	40	2-氨乙基十七烯基咪唑啉		2
液化石蜡	6	十二烷基磺酸钠		4
油酸三乙醇胺	4	有机膨润土		0.8
油酸聚氧乙烯酯	4	成膜助剂	氯丁橡胶CR121	60
十二烯基丁二酸	3		EVA树脂(VA含量28%)	30
二硫化烷基苯酚	3		二甲苯	40
二聚酸	3		聚乙烯醇	10

续表

原料		配比(质量份)	原料		配比(质量份)
成膜助剂	羟乙基亚乙基双硬脂酰胺	1	成膜助剂	十二烷基聚氧乙烯醚	3
	2-正辛基-4-异噻唑啉-3-酮	4		过氧化二异丙苯	2
	甲基苯并三氮唑	3		2,5-二甲基-2,5-二(叔丁基过氧化)己烷	0.8
	甲基三乙氧基硅烷	2			

制备方法

(1) 将上述25#变压油、150SN基础油加入反应釜中，搅拌，加热到110～120℃；

(2) 加入上述液化石蜡，加热搅拌使其溶解；

(3) 加入上述油酸三乙醇胺、油酸聚氧乙烯酯、二聚酸、十二烷基磺酸钠，连续脱水1～1.5h，降温至55～60℃；

(4) 加入上述二硫化烷基苯酚、有机膨润土，在55～60℃下保温搅拌3～4h；

(5) 加入剩余各原料，充分搅拌，降低温度至35～38℃，过滤出料。

所述的成膜助剂的制备包括以下步骤：

(1) 将上述氯丁橡胶CR121加入密炼机内，在70～80℃下单独塑炼10～20min，然后出料冷却至常温；

(2) 将上述EVA树脂、羟乙基亚乙基双硬脂酰胺、2-正辛基-4-异噻唑啉-3-酮、甲基苯并三氮唑、十二烷基聚氧乙烯醚混合，在90～100℃下反应1～2h，加入上述塑炼后的氯丁橡胶，降低温度到80～90℃，继续反应40～50min，再加入剩余各原料，在60～70℃下反应4～5h。

产品特性 本产品不易变色，不易氧化，不影响工件的外观，综合性能优异，具有高的耐盐雾性、耐湿热性、耐老化性等，可清洗性能好。加入的成膜助剂改善了油膜的表面张力，使得喷涂均匀，在金属工件表面铺展性能好，形成的油膜均匀稳定，提高了对金属的保护作用。

配方54 高抗湿热防锈油

原料配比

原料	配比(质量份)	原料		配比(质量份)
100SN基础油	70	成膜助剂		2
46#机械油	20	成膜助剂	十二烯基丁二酸	14
松香酸聚氧乙烯酯	3		虫胶树脂	2
癸酸	2		双硬脂酸铝	7
二壬基萘磺酸钡	4		丙二醇甲醚乙酸酯	8
钼酸铵	1		乙二醇单乙醚	0.3
异构十三醇聚氧乙烯醚	0.3		霍霍巴油	0.4
2-正辛基-4-异噻唑啉-3-酮	0.2			

制备方法 将上述松香酸聚氧乙烯酯、二壬基萘磺酸钡与异构十三醇聚氧乙烯醚混合，在90～100℃下加热搅拌30～40min，加入上述100SN基础油、46#机械油，搅拌加热到100～120℃，保温反应10～20min，然后冷却至60～70℃，加入剩余各原料，脱水，保温搅拌3～4h，降低温度至35～40℃，过滤，即得所述高抗湿热的防锈油。

所述的成膜助剂的制备方法：将上述双硬脂酸铝加热到80～90℃，加入丙二醇甲醚乙酸酯，充分搅拌后降低温度到60～70℃，加入乙二醇单乙醚，300～400r/min搅拌分散4～6min，得预混料；将上述十二烯基丁二酸与虫胶树脂在80～100℃下混合，搅拌均匀后加入上述预混料中，充分搅拌后，加入霍霍巴油，冷却至常温，即得所述成膜助剂。

产品特性 本产品具有很好的抗湿热、耐水、耐盐雾、耐腐蚀等性能。加入的成膜助剂很好地改善了成膜性，使得涂膜均匀稳定，起到更好的保护作用。

配方55 涂层稳定的高抗湿热防锈油

原料配比

原料	配比（质量份）	原料		配比（质量份）
0#轻柴油	70	六次甲基四胺		1
稀土防锈液压油	30	乙酰化羊毛脂		10
植脂末	0.3	稀土防锈液压油	*N*-乙烯基吡咯烷酮	3
甲基全氟壬基酮	0.8		尼龙酸甲酯	3
对硝基酚磷酸钠	2		斯盘-80	0.7
尿素	3		十二烯基丁二酸	16
苯并三氮唑	1		液压油	110
二烷基二硫代磷酸锌	1		三烯丙基异氰尿酸酯	0.5
氢化蓖麻油	5		去离子水	70
乙二醇	3		过硫酸钾	0.6
邻苯二甲酸酯	3		氢氧化钠	3
1,2-苯二甲酸二烯丙酯	3		硝酸铈	2

制备方法

(1) 将甲基全氟壬基酮加入乙二醇中，搅拌均匀后加入尿素，在50～60℃下搅拌混合4～6min；

(2) 将植脂末与氢化蓖麻油混合，搅拌均匀后加入邻苯二甲酸酯、苯并三氮唑，在60～70℃下搅拌混合5～10min；

(3) 取0#轻柴油质量的20%～30%与乙酰化羊毛脂、1,2-苯二甲酸二烯丙酯混合，在100～105℃下预热混合3～5min，保温备用；

(4) 将上述处理后的各原料混合，送入反应釜，充分搅拌均匀，脱水，在80～85℃下搅拌混合2～3h；

(5) 将反应釜温度降低到60℃，加入剩余各原料，不断搅拌至常温，过滤出料。

所述的稀土防锈液压油的制备方法：

（1）将 N-乙烯基吡咯烷酮与尼龙酸甲酯混合，在 50～60℃下搅拌 3～10min，得酯化烷酮；

（2）取上述斯盘-80 质量的 70%～80%、去离子水质量的 30%～50%混合，搅拌均匀后加入酯化烷酮、三烯丙基异氰尿酸酯、上述过硫酸钾质量的 60%～70%，搅拌均匀，得烷酮分散液；

（3）将十二烯基丁二酸与氢氧化钠混合，搅拌均匀后加入剩余的去离子水中，充分混合，加入硝酸铈，在 60～65℃下保温搅拌 20～30min，得稀土分散液；

（4）将剩余的斯盘-80、过硫酸钾混合加入液压油中，搅拌均匀后加入上述烷酮分散液、稀土分散液，在 70～80℃下保温反应 3～4h，脱水，即得所述稀土防锈液压油。

产品应用 本品是一种高抗湿热防锈油。

产品特性

（1）本产品中加入了稀土防锈液压油，其中烷酮可以改善流动性，提高反应活性；加入的稀土离子可以与金属基材表面发生吸氧腐蚀产生的 OH^- 作用产生不溶性配合物，减缓腐蚀的电极反应速率，起到很好的缓蚀效果。

（2）本产品无沉淀、无分层、无结晶物析出，涂层稳定性好，抗水、抗湿热性强，对基材的保护效果持久。

配方56 高抗湿热耐水防锈油

原料配比

原料	配比(质量份)	原料		配比(质量份)
0＃轻柴油	70	甲基苯并三氮唑		1
松香酸聚氧乙烯酯	3	成膜助剂		14
钼酸铵	1	成膜助剂	古马隆树脂	40
乙酰化羊毛脂	4		植酸	2
十二烷基伯胺	1		15%的氯化锌溶液	4
烯基丁二酸	0.3		三乙醇胺油酸皂	0.8
十二烷基苯磺酸钾	0.2		N,N-二甲基甲酰胺	1
四氢糠醇	0.2		三羟甲基丙烷三丙烯酸酯	5
邻苯二甲酸酯	5		120＃溶剂油	16
油酸钾皂	2		乙醇	3

制备方法

（1）将上述邻苯二甲酸酯与松香酸聚氧乙烯酯混合，加入反应釜内，在70～90℃下搅拌混合 10～20min，加入 0＃轻柴油质量的 30%～40%，升高温度到 100～120℃，搅拌混合 1～2h；

(2) 将反应釜温度降低到 70～80℃，加入钼酸铵、乙酰化羊毛脂、十二烷基伯胺、烯基丁二酸、十二烷基苯磺酸钾、成膜助剂，脱水，搅拌混合 2～3h；

(3) 将反应釜温度降低到 50～60℃，加入剩余各原料，不断搅拌至常温，过滤出料。

所述的成膜助剂的制备方法：

(1) 将上述植酸与 *N*,*N*-二甲基甲酰胺混合，在 50～70℃下搅拌 3～5min，加入乙醇，混合均匀；

(2) 将三羟甲基丙烷三丙烯酸酯与 120 # 溶剂油混合，在 90～100℃下搅拌 40～50min，加入古马隆树脂，降低温度到 80～85℃，搅拌混合 15～20min；

(3) 将上述处理后的各原料混合，加入剩余各原料，700～800r/min 搅拌分散 10～20min，即得所述成膜助剂。

产品应用 本品是一种高抗湿热防锈油。

产品特性 本产品具有很好的抗湿热、耐水、耐盐雾等性能，对工件的保护效果持久，耐候性好，加入的成膜助剂可以有效提高防锈油的稳定性。

配方57 高抗湿热抗盐雾防锈油

原料配比

原料	配比(质量份)	原料		配比(质量份)
氢氧化锂	0.2	抗磨机械油	棕榈酸	0.5
钛酸四丁酯	2		萜烯树脂	3
100SN 基础油	70		T321 硫化异丁烯	7
烯丙基硫脲	4		蓖麻油酸	4
2-氨乙基十七烯基咪唑啉	1		丙三醇	20～30
脂肪醇聚氧乙烯醚	1		浓硫酸	适量
聚乙二醇	4		磷酸二氢锌	10
N,*N*-二乙基苯胺	0.6		28%氨水	50
环氧亚麻籽油	4		单硬脂酸甘油酯	1
氨基三亚甲基膦酸	0.3		机械油	80
聚甘油-10 油酸酯	0.5		硝酸镧	2～3
抗磨机械油	4		硅烷偶联剂 KH560	0.2

制备方法

(1) 将氨基三亚甲基膦酸、聚甘油-10 油酸酯混合加入环氧亚麻籽油中，在 60～70℃下保温搅拌 4～6min；

(2) 将上述处理后的原料加入反应釜中，加入 100SN 基础油，在 100～120℃下搅拌混合 20～30min，加入聚乙二醇、烯丙基硫脲，降低温度到 80～

90℃，加入氢氧化锂，脱水，搅拌混合2～3h；

(3) 将反应釜温度降低到50～60℃，加入剩余各原料，不断搅拌至常温，过滤出料。

所述的抗磨机械油的制备方法：

(1) 将蓖麻油酸加入丙三醇中，搅拌条件下滴加体系物料质量1.5%～2%的浓硫酸，滴加完毕后加热到160～170℃，保温反应3～5h，得酯化料；

(2) 取上述硅烷偶联剂KH560质量的30%～40%，加入棕榈酸中，搅拌均匀，加入酯化料，在150～160℃下保温反应1～2h，降低温度到85～90℃，加入萜烯树脂，保温搅拌30～40min，得改性萜烯树脂；

(3) 将磷酸二氢锌加入28%氨水中，搅拌混合6～10min，加入混合均匀的硝酸镧与剩余的硅烷偶联剂KH560的混合物，搅拌均匀，得稀土氨液；

(4) 将单硬脂酸甘油酯加入机械油中，搅拌均匀后加入上述改性萜烯树脂、稀土氨液，在120～125℃下保温反应20～30min，脱水，将反应釜温度降低到50～60℃，加入T321硫化异丁烯，混合均匀，即得所述抗磨机械油。

产品特性 本产品具有优良的抗湿热性和抗盐雾性能，优异的黏附性和隔离性能保护金属免受湿气和盐雾的影响，保护时间长，涂膜稳定，抗剥离性强。

配方58 高耐候防锈油

原料配比

<table>
<tr><th>原料</th><th>配比(质量份)</th><th colspan="2">原料</th><th>配比(质量份)</th></tr>
<tr><td>75SN基础油</td><td>75</td><td colspan="2" rowspan="2">β-(3,5-二叔丁基-4-羟基苯基)丙酸正十八碳醇酯</td><td rowspan="2">0.3</td></tr>
<tr><td>二壬基萘磺酸钙</td><td>5</td></tr>
<tr><td>羊毛脂镁皂</td><td>3</td><td rowspan="6">成膜助剂</td><td>干性油醇酸树脂</td><td>40</td></tr>
<tr><td>枸橼酸</td><td>1</td><td>六甲氧甲基三聚氰胺树脂</td><td>3</td></tr>
<tr><td>N-油酰肌氨酸十八胺盐</td><td>1</td><td>桂皮油</td><td>2</td></tr>
<tr><td>硫化脂肪酸酯</td><td>2</td><td>聚乙烯吡咯烷酮</td><td>2</td></tr>
<tr><td>2-氨乙基十七烯基咪唑啉</td><td>2</td><td>N-苯基-2-萘胺</td><td>0.3</td></tr>
<tr><td>成膜助剂</td><td>3</td><td>甲基三乙氧基硅烷</td><td>0.2</td></tr>
</table>

制备方法 将上述75SN基础油与枸橼酸混合，在100～120℃下搅拌反应10～14min，加入二壬基萘磺酸钙、羊毛脂镁皂，充分搅拌，降低温度到70～80℃，加入N-油酰肌氨酸十八胺盐、硫化脂肪酸酯、2-氨乙基十七烯基咪唑啉、成膜助剂，保温搅拌2～3h，加入剩余原料，在40～50℃下保温搅拌1～2h，过滤出料，即得所述高耐候性防锈油。

所述的成膜助剂的制备方法：将上述干性油醇酸树脂与桂皮油混合，在90～100℃下保温搅拌6～8min，降低温度到55～65℃，加入六甲氧甲基三聚氰胺树脂，充分搅拌后加入甲基三乙氧基硅烷，200～300r/min搅拌分散10～15min，升高温度到130～135℃，加入剩余各原料，保温反应1～3h，冷却至常温，即得所述成膜助剂。

产品特性 本产品具有很好的耐老化、耐腐蚀性能，涂膜稳定，在工件表面的铺展性能好，对金属工件具有很好的保护作用，耐候性强，自然条件下涂膜很难被破坏。

配方59 高耐候性防锈油

原料配比

原料	配比(质量份)		原料	配比(质量份)
46#机械油	80	成膜助剂	氯丁橡胶 CR121	60
中性二壬基萘磺酸钡	4		EVA树脂(VA含量28%)	30
硬脂酸铝	5		二甲苯	40
松香酸聚氧乙烯酯	4		聚乙烯醇	10
沥青	3		羟乙基亚乙基双硬脂酰胺	1
氢化蓖麻油	3		2-正辛基-4-异噻唑啉-3-酮	4
1,2,3-苯并三氮唑	1		甲基苯并三氮唑	3
聚异丁烯	2		甲基三乙氧基硅烷	2
成膜助剂	4		十二烷基聚氧乙烯醚	3
十二烷基伯胺	2		过氧化二异丙苯	2
N-油酰肌氨酸十八胺盐	3		2,5-二甲基-2,5-二(叔丁基过氧化)己烷	0.8
山梨醇酐单油酸酯	0.6			

制备方法

(1) 将上述46#机械油加入反应釜中，搅拌，加热到110～120℃；

(2) 加入上述中性二壬基萘磺酸钡，加热搅拌使其溶解；

(3) 加入上述硬脂酸铝、松香酸聚氧乙烯酯、聚异丁烯、*N*-油酰肌氨酸十八胺盐，连续脱水1～1.5h，降温至55～60℃；

(4) 加入上述1,2,3-苯并三氮唑、沥青，在55～60℃下保温搅拌3～4h；

(5) 加入剩余各原料，充分搅拌，降低温度至35～38℃，过滤出料。

所述的成膜助剂的制备包括以下步骤：

(1) 将上述氯丁橡胶CR121加入密炼机内，在70～80℃下单独塑炼10～20min，然后出料冷却至常温；

(2) 将上述EVA树脂、羟乙基亚乙基双硬脂酰胺、2-正辛基-4-异噻唑啉-3-酮、甲基苯并三氮唑、十二烷基聚氧乙烯醚混合，在90～100℃下反应1～2h，加入上述塑炼后的氯丁橡胶，降低温度到80～90℃，继续反应40～50min，再加入剩余各原料，在60～70℃下反应4～5h。

产品特性 本产品不易变色，不易氧化，不影响工件的外观，综合性能优异，具有高的耐盐雾性、耐湿热性、耐老化性等，可清洗性能好。加入的成膜助剂改善了油膜的表面张力，使得喷涂均匀，在金属工件表面铺展性能好，形成的油膜均匀稳定，提高了对金属的保护作用。

配方60 高铁道岔防锈油

原料配比

原料	配比(质量份)
20#机械油	70
五氯酚钠	0.5
硬脂酰乳酸钙	3
六甲基环三硅氧烷	0.6
三乙醇胺油酸皂	1
十二烯基丁二酸	4
石油磺酸钡	4
顺丁烯二酸二丁酯	2
凡士林	3
二硫化钼	0.3
抗氧剂 2246	0.5
稀土成膜液压油	20

原料		配比(质量份)
稀土成膜液压油	丙二醇苯醚	15
	明胶	3
	甘油	2.1
	磷酸三甲酚酯	0.4
	硫酸铝铵	0.4
	液压油	110
	去离子水	105
	氢氧化钠	5
	硝酸铈	4
	十二烯基丁二酸	15
	斯盘-80	0.5

制备方法

（1）将五氯酚钠、二硫化钼、硬脂酰乳酸钙混合，搅拌均匀后加入六甲基环三硅氧烷，在50～60℃下保温搅拌10～20min；

（2）将石油磺酸钡、顺丁烯二酸二丁酯、凡士林混合加入20#机械油中，在100～110℃下保温搅拌30～40min；

（3）将上述处理后的各原料与三乙醇胺油酸皂混合，送入反应釜，加入十二烯基丁二酸，充分搅拌均匀，脱水，在80～85℃下搅拌混合2～3h；

（4）将反应釜温度降低到50～60℃，加入剩余各原料，不断搅拌至常温，过滤出料。

所述的稀土成膜液压油的制备方法：

（1）将磷酸三甲酚酯加入甘油中，搅拌均匀，得醇酯溶液；

（2）将明胶与上述去离子水质量的40%～55%混合，搅拌均匀后加入硫酸铝铵，放入60～70℃的水浴中，加热10～20min，加入上述醇酯溶液，继续加热5～7min，取出冷却至常温，加入丙二醇苯醚，40～60r/min搅拌混合10～20min，得成膜助剂；

（3）将十二烯基丁二酸与氢氧化钠混合，搅拌均匀后加入剩余的去离子水中，充分混合，加入硝酸铈，在60～65℃下保温搅拌20～30min，得稀土分散液；

（4）将斯盘-80加入液压油中，搅拌均匀后加入上述成膜助剂、稀土分散液，在60～70℃下保温反应30～40min，脱水，即得所述稀土成膜液压油。

产品特性 本产品黏度适中，可以对锈层和金属表面进行全覆盖，在短时间内即可浸透锈层，形成防锈膜。本产品可以保证金属在风雨、日晒的环境下具有良好的防锈性能，特别适合作为高铁道岔的防锈。

配方61 高铁道岔用防锈油

原料配比

原料	配比(质量份)	原料		配比(质量份)
50#机械油	60	2,2-亚甲基双(4-甲基-6-叔丁基苯酚)		0.4
对叔丁基苯酚甲醛树脂	4	防锈助剂		6
凡士林	1	防锈助剂	古马隆树脂	30
二壬基萘磺酸钡	4		四氢糠醇	4
中性二壬基萘磺酸钡	2		乙酰丙酮锌	0.6
石油磺酸钠	3		十二烯基丁二酸半酯	5
月桂酸二乙醇酰胺	2		150SN 基础油	19
异丙醇铝	0.7		三羟甲基丙烷三丙烯酸酯	3

制备方法

(1) 将上述防锈助剂与对叔丁基苯酚甲醛树脂混合加入反应釜内，在90～100℃下保温搅拌30～40min；

(2) 加入上述50#机械油质量的30%～40%，升高反应釜温度到100～120℃，加入中性二壬基萘磺酸钡、石油磺酸钠，继续保温搅拌1～2h；

(3) 加入剩余各原料，降低温度到60～70℃，搅拌混合40～50min，脱水，降低温度到30～40℃，充分搅拌，过滤出料。

所述的防锈助剂的制备方法：

(1) 将上述古马隆树脂加热到75～80℃，加入乙酰丙酮锌，搅拌混合10～15min，加入四氢糠醇，搅拌至常温；

(2) 将150SN基础油质量的30%～40%与十二烯基丁二酸半酯混合，在100～110℃下搅拌1～2h；

(3) 将上述处理后的各原料混合，加入剩余各原料，100～200r/min 搅拌分散30～50min，即得所述防锈助剂。

产品应用 本品主要用于露天的钢轨、道岔防锈。

产品特性 本产品薄膜稳定，能够对锈层和金属表面进行全覆盖，且可以在短时间内浸透锈层，形成硬膜，具有很好的运动黏度，特别适用于露天的钢轨、道岔防锈。

配方62 高效润滑型防锈油

原料配比

原料		配比(质量份)		
		1#	2#	3#
精制矿物基础油	基础油 75SN	10	5	20
	基础油 150SN	15	—	—
	基础油 60SN	—	15	—

续表

原料		配比(质量份)		
		1#	2#	3#
防锈添加剂	石油磺酸钡	6	8	—
	二壬基萘磺酸钡		1.5	1
	十二烯基丁二酸	0.5	—	—
	羊毛脂镁皂	—	—	3
油溶性缓蚀剂	十七烯基咪唑啉烯基丁二酸盐	—	1	—
	甲基苯并三氮唑	—	0.3	0.5
	氧化石油脂钡皂	3	—	7
	N-油酰肌氨酸十八胺盐	2	2	2
润滑添加剂	硫化棉籽油	0.5	—	—
	二烷基二硫代磷酸锌	0.2	0.1	0.1
	异辛基酸性磷酸酯十八铵盐	—	0.2	0.2
抗氧剂	2,6-二叔丁基对甲酚	0.02	0.02	0.02

制备方法

(1) 在反应釜中按比例加入所需的(20～25)%的精制矿物基础油；

(2) 加热反应釜，反应釜内温升至110～140℃，按比例加入所需的油溶性缓蚀剂、防锈添加剂，搅拌0.5～1h；

(3) 反应釜内温降至90～110℃，按比例加入所需的润滑添加剂、抗氧剂，搅拌0.5～1h，使得物料完全溶化；

(4) 按比例将所需的剩余的精制矿物基础油加入反应釜内继续搅拌，保温0.5～1h，充分混匀；

(5) 取样进行检验，合格后过滤、出料、包装，完成制备。

产品应用 本品是一种高效润滑型防锈油，用于轴承、工量卡具及零部件的中、长期封存防锈，又具有一定的润滑性能。

产品特性 本产品选用油性极压抗磨添加剂，可以降低摩擦系数，提高抗磨性能。同时采用多种防锈缓蚀剂和防锈添加剂复合增效，选用精制矿物基础油作为防锈油复合剂的载体，油分子的范德华力和防锈剂分子共同形成防锈吸附膜，在防锈性能上取长补短，相辅相成地发挥超效复合作用，改善其整体的润滑及防锈性能。

配方63 高性能环境友好型抗指纹防锈油

原料配比

原料	配比(质量份)		
	1#	2#	3#
溶剂油(100#溶剂油和/或200#溶剂油)	50	55	60
矿物油(150#调和润滑油和/或加氢的石油磺化重石脑油)	5	10	15

续表

原料	配比(质量份)		
	1#	2#	3#
有机醇(丙三醇和/或3-甲氧基-3-甲基-1-丁醇)	1	2	5
酯类添加剂(羊毛脂)	1	5	10
缓蚀剂(苯并三氮唑)	2	3	5
防锈添加剂(石油磺酸钠、环烷酸钡、石油磺酸钡中的一种或几种)	15	18	20
表面活性剂(斯盘-85和/或失水山梨醇半油酸酯)	1	2	5
水	1	1	1.5

制备方法 将各组分原料混合均匀即可。

产品特性

(1) 本产品具有极强的渗透性和表面成膜能力，可以在极短时间内（≤6s）将金属制品表面含有水分、盐分和汗渍的指纹痕迹置换清除，同时在金属制品表面快速形成一层不破、不粘手的可预防指纹痕迹的超薄型油膜（≤0.8μm），达到真正意义上的抗指纹。

(2) 本产品既可应用于工序间的短期防锈，也能应用于室内周转期半年左右的中期防锈，也可在封存材料的配合使用下，应用于金属制品一年以上的长期封存防锈。

配方64 高性能软膜防锈油

原料配比

原料	配比(质量份)	原料		配比(质量份)
石蜡油KP200#	72	邻苯二甲酸二丁酯		18
铬酸叔丁酯	2.5	成膜剂	二乙二醇单乙醚	20
成膜剂	11		二甲苯	4
乙烯基三乙氧基硅烷	5.5		乙二醇二缩水甘油醚	2.5
抗氧剂1010	1.4		E-12环氧树脂	10
二甲基硅油	5.0		苯乙烯	17
纳米陶瓷粉体	4.5		2,6-二叔丁基对甲酚	1.4
甲乙酮	7.0		乙烯基三甲氧基硅烷	1.5
二乙二醇单乙醚	22		交联剂TAIC	1.6

制备方法

(1) 按组成原料的质量份取石蜡油KP200#，加入反应釜中加热搅拌，至120～140℃时加入二乙二醇单乙醚，反应15～20min；

(2) 在步骤（1）的物料中加入成膜剂、抗氧剂1010和甲乙酮，继续搅拌，冷却至30～35℃；

(3) 在步骤（2）的物料中按组成原料的质量份加入其他组成原料，继续搅拌2.5～3.5h，过滤，即得成品。

所述的成膜剂的制备方法如下：

（1）将二乙二醇单乙醚、二甲苯、乙二醇二缩水甘油醚、E-12 环氧树脂混合加入反应釜中，在 70～110℃下反应 2～3h；

（2）在步骤（1）的反应釜中加入苯乙烯、2,6-二叔丁基对甲酚、乙烯基三甲氧基硅烷、交联剂 TAIC，搅拌混合，在 50～80℃下反应 3～5h，即得成膜剂。

产品特性 本产品在金属表面附着力好、干燥快，耐盐雾性能好，环保无污染。采用石蜡油 KP200 # 为基础油，添加了成膜剂，成膜速度快。防锈油表面不易氧化，不影响工件的外观，综合性能好，而且本产品制备方法简单，成本低，适合大规模生产。

配方65 高粘连防锈油

原料配比

原料	配比(质量份)
N68 # 机械油	50～60
间苯二酚	0.3
氟化乙烯丙烯共聚物	0.5
二月桂酸二丁基锡	1
十七烯基咪唑啉烯基丁二酸盐	2
硅藻土	0.4
环氧硬脂酸辛酯	2
4,4′-硫代双(6-叔丁基-3-甲基苯酚)	0.2
抗坏血酸	2
亚麻籽胶	0.6
抗磨机械油	5

原料		配比(质量份)
抗磨机械油	棕榈酸	0.5
	萜烯树脂	3
	T321 硫化异丁烯	7
	蓖麻油酸	4
	丙三醇	30
	浓硫酸	适量
	磷酸二氢锌	10
	28%氨水	50
	单硬脂酸甘油酯	2
	机械油	80
	硝酸镧	2
	硅烷偶联剂 KH560	0.2

制备方法

（1）将氟化乙烯丙烯共聚物与硅藻土混合，在 100～110℃下搅拌 10～20min，降低温度到 70～80℃，加入环氧硬脂酸辛酯，保温混合 10～20min，加入亚麻籽胶，搅拌至常温；

（2）将上述处理后的原料加入反应釜中，加入 N68 # 机械油，在 100～120℃下搅拌混合 20～30min，加入抗坏血酸、十七烯基咪唑啉烯基丁二酸盐，降低温度到 80～90℃，搅拌混合 2～3h；

（3）将反应釜温度降低到 50～60℃，加入剩余各原料，不断搅拌至常温，过滤出料。

所述的抗磨机械油的制备方法：

（1）将蓖麻油酸加入丙三醇中，搅拌条件下滴加体系物料质量 1.5%～2% 的浓硫酸，滴加完毕后加热到 160～170℃，保温反应 3～5h，得酯化料；

（2）取上述硅烷偶联剂 KH560 质量的 30%～40%，加入棕榈酸中，搅拌均匀，加入酯化料，在 150～160℃下保温反应 1～2h，降低温度到 85～90℃，加入萜烯树脂，保温搅拌 30～40min，得改性萜烯树脂；

（3）将磷酸二氢锌加入 28%氨水中，搅拌混合 6～10min，加入混合均匀的硝酸镧与剩余硅烷偶联剂 KH560 的混合物，搅拌均匀，得稀土氨液；

（4）将单硬脂酸甘油酯加入机械油中，搅拌均匀后加入上述改性萜烯树脂、稀土氨液，在 120～125℃下保温反应 20～30min，脱水，将反应釜温度降低到 50～60℃，加入 T321 硫化异丁烯，混合均匀，即得所述抗磨机械油。

产品特性 本产品与金属工件具有很好的粘连性，可以快速在工件表面形成稳定的油膜。油膜耐候性强，抗剥离强度高，施工性好，还具有一定的润滑性。

配方66 高粘连稳定乳化防锈油

原料配比

原料	配比(质量份)	原料		配比(质量份)
150SN 基础油	70	稀土缓蚀液压油		20
铬酸二苯胍	0.4	稀土缓蚀液压油	聚环氧琥珀酸	2
对羟基苯甲酸甲酯	0.5		正硅酸四乙酯	5
丙酸钙	2		磷酸二氢钠	1
松香脂	3		十二烷基硫酸钠	0.8
聚丁二烯	0.2		氧化铝	0.7
三聚磷酸钠	1		十二烯基丁二酸	15
斯盘-80	1		液压油	110
马来酸二辛酯	5		去离子水	70～80
中性二壬基萘磺酸钡	5		氢氧化钠	5
妥尔油	3		硝酸铈	3
皮脂酸	0.4		斯盘-80	0.5
单油酸三乙醇胺酯	2			

制备方法

（1）将三聚磷酸钠、斯盘-80 混合，搅拌均匀后加入单油酸三乙醇胺酯，在 40～50℃下保温搅拌 6～10min，加入 150SN 基础油中，60～100r/min 搅拌分散 20～30min；

（2）将铬酸二苯胍与聚丁二烯混合，升高温度到 60～70℃，加入松香脂，保温搅拌 6～10min；

（3）将上述处理后的各原料混合，加入反应釜中，充分搅拌均匀，加入妥尔油、丙酸钙，搅拌混合 20～30min，脱水，控制反应釜温度为 80～85℃，搅拌混合 2～3h；

（4）将反应釜温度降低到 50～60℃，加入剩余各原料，不断搅拌至常温，过滤出料。

所述的稀土缓蚀液压油的制备方法：

(1) 将磷酸二氢钠与上述去离子水质量的16%～20%混合，搅拌均匀后加入聚环氧琥珀酸，充分混合，得酸化缓蚀剂；

(2) 取剩余去离子水质量的40%～50%与十二烷基硫酸钠混合，搅拌均匀，加入正硅酸四乙酯、氧化铝，搅拌条件下滴加氨水，调节pH为7.8～9，搅拌均匀，得硅铝溶胶；

(3) 将十二烯基丁二酸与氢氧化钠混合，搅拌均匀后加入剩余的去离子水中，充分混合，加入硝酸铈，在60～65℃下保温搅拌20～30min，得稀土分散液；

(4) 将斯盘-80加入液压油中，搅拌均匀后加入上述稀土分散液、酸化缓蚀剂、硅铝溶胶，在80～90℃下保温反应20～30min，脱水，即得所述稀土缓蚀液压油。

产品特性 本产品中加入的各组分相容性好，与金属基材的粘连效果好，具有很好的成膜性，涂膜韧性好，耐腐蚀性、耐候性强，使用方便，生产过程中无过多废液积累。

配方67 海运封存防锈油

原料配比

原料	配比(质量份)	原料		配比(质量份)
500SN基础油	60	抗磨机械油	棕榈酸	0.5
维生素E乙酸酯	0.2		萜烯树脂	2
对甲苯磺酸	2		T321硫化异丁烯	7
烷基酚聚氧乙烯醚磷酸酯	2		蓖麻油酸	6
磺基丁二酸钠二辛酯	1		丙三醇	30
五氯酚钠	1		浓硫酸	适量
二甘醇二苯甲酸酯	0.5		磷酸二氢锌	10
石油醚	4		28%氨水	50
十二烯基丁二酸	2		单硬脂酸甘油酯	1
乙酸钙	1		机械油	70
聚乙烯亚胺	0.5		硝酸镧	3
抗磨机械油	3		硅烷偶联剂KH560	0.2

制备方法

(1) 将五氯酚钠、乙酸钙混合，搅拌均匀后加入石油醚、烷基酚聚氧乙烯醚磷酸酯，搅拌均匀，加入上述500SN基础油质量的20%～30%，在40～50℃下搅拌混合20～3min；

(2) 将十二烯基丁二酸、对甲苯磺酸混合，加入磺基丁二酸钠二辛酯，在60～70℃下保温混合6～10min；

(3) 将上述处理后的原料混合，搅拌均匀后加入反应釜中，加入剩余的

500SN 基础油，在 100～120℃下搅拌混合 20～30min，加入聚乙烯亚胺，降低温度到 80～90℃，脱水，搅拌混合 2～3h；

(4) 将反应釜温度降低到 50～60℃，加入剩余各原料，不断搅拌至常温，过滤出料。

所述的抗磨机械油制备方法如下：

(1) 将蓖麻油酸加入丙三醇中，搅拌条件下滴加体系物料质量 1.5%～2% 的浓硫酸，滴加完毕后加热到 160～170℃，保温反应 3～5h，得酯化料；

(2) 取上述硅烷偶联剂 KH560 质量的 30%～40%，加入棕榈酸中，搅拌均匀，加入酯化料，在 150～160℃下保温反应 1～2h，降低温度到 85～90℃，加入萜烯树脂，保温搅拌 30～40min，得改性萜烯树脂；

(3) 将磷酸二氢锌加入 28%氨水中，搅拌混合 6～10min，加入混合均匀的硝酸镧与剩余硅烷偶联剂 KH560 的混合物，搅拌均匀，得稀土氨液；

(4) 将单硬脂酸甘油酯加入机械油中，搅拌均匀后加入上述改性萜烯树脂、稀土氨液，在 120～125℃下保温反应 20～30min，脱水，将反应釜温度降低到 50～60℃，加入 T321 硫化异丁烯，混合均匀，即得所述抗磨机械油；

产品应用 本品主要用于远途海运金属工件的封存防锈。

产品特性 本产品具有超强的防锈性能，超长期的防锈效果，可以有效保护金属表面的光洁性及完整性，特别适用于远途海运金属工件的封存防锈。

配方68 含地沟油的乳化防锈油

原料配比

<table>
<tr><th>原料</th><th>配比(质量份)</th><th colspan="2">原料</th><th>配比(质量份)</th></tr>
<tr><td>磷酸氢二钠</td><td>0.7</td><td colspan="2">亚磷酸酯</td><td>2</td></tr>
<tr><td>二壬基萘磺酸钙</td><td>3</td><td colspan="2">斯盘-80</td><td>0.6</td></tr>
<tr><td>稀土成膜液压油</td><td>20</td><td rowspan="13">稀土成膜液压油</td><td>丙二醇苯醚</td><td>15</td></tr>
<tr><td>25 # 机械油</td><td>80</td><td>明胶</td><td>3</td></tr>
<tr><td>叠氮磷酸二苯酯</td><td>3</td><td>甘油</td><td>2.1</td></tr>
<tr><td>山梨醇酐单油酸酯</td><td>2</td><td>磷酸三甲酚酯</td><td>0.4</td></tr>
<tr><td>乙酸乙酯</td><td>2</td><td>硫酸铝铵</td><td>0.4</td></tr>
<tr><td>地沟油</td><td>6</td><td>液压油</td><td>110</td></tr>
<tr><td>8-羟基喹啉</td><td>2</td><td>去离子水</td><td>105</td></tr>
<tr><td>硬脂酸</td><td>1</td><td>氢氧化钠</td><td>5</td></tr>
<tr><td>防锈剂 T702</td><td>6</td><td>硝酸铈</td><td>34</td></tr>
<tr><td>氟化钠</td><td>2</td><td>十二烯基丁二酸</td><td>15</td></tr>
<tr><td>蓖麻油酸钡</td><td>3</td><td rowspan="2">斯盘-80</td><td rowspan="2">0.5～1</td></tr>
<tr><td>钨酸铵</td><td>0.6</td></tr>
</table>

制备方法

(1) 将上述 25 # 机械油质量的 70%～80%加入反应釜中，加热到 110～

120℃，加入二壬基萘磺酸钙、防锈剂 T702，保温搅拌混合 50～60min；

(2) 将地沟油与剩余的 25＃机械油混合，搅拌均匀后加入硬脂酸、蓖麻油酸钡，在 60～70℃下保温搅拌 6～10min，加入磷酸氢二钠，搅拌均匀后加入上述反应釜中，搅拌均匀；

(3) 加入除了斯盘-80 以外的各原料，在 70～80℃下搅拌混合 20～30min，脱水，保温搅拌混合 2～3h；

(4) 将反应釜温度降低到 50～60℃，加入剩余原料，不断搅拌至常温，过滤出料。

所述的稀土成膜液压油制备方法如下：

(1) 将磷酸三甲酚酯加入甘油中，搅拌均匀，得醇酯溶液；

(2) 将明胶与上述去离子水质量的 40%～55%混合，搅拌均匀后加入硫酸铝铵，放入 60～70℃的水浴中，加热 10～20min，加入上述醇酯溶液，继续加热 5～7min，取出冷却至常温，加入丙二醇苯醚，40～60r/min 搅拌混合 10～20min，得成膜助剂；

(3) 将十二烯基丁二酸与氢氧化钠混合，搅拌均匀后加入剩余的去离子水中，充分混合，加入硝酸铈，在 60～65℃下保温搅拌 20～30min，得稀土分散液；

(4) 将斯盘-80 加入液压油中，搅拌均匀后加入上述成膜助剂、稀土分散液，在 60～70℃下保温反应 30～40min，脱水，即得所述稀土成膜液压油。

产品特性 本产品加入了地沟油，有效利用了资源，降低了生产成本。本产品的制备方法简单，涂膜的表面抗性好，对酸、碱、盐雾等都具有很好的抵抗效果，涂膜稳定，保护效果持久有效。

配方69 含硅藻土的无钡金属防锈油

原料配比

原料	配比(质量份)	原料		配比(质量份)
32＃机械油	30	凡士林		1
R12 锭子油	35	成膜助剂		2
液体石蜡	4	成膜助剂	十二烯基丁二酸	14
硬脂酸	1		虫胶树脂	1
六次甲基四胺	1		双硬脂酸铝	7
三聚氰酸三烯丙酯	5		丙二醇甲醚乙酸酯	6
硅藻土	1		乙二醇单乙醚	0.3
2-氨乙基十七烯基咪唑啉	1		霍霍巴油	0.4

制备方法 将上述 32＃机械油、R12 锭子油与硬脂酸混合，搅拌加热到 100～120℃，保温反应 15～20min，加入液体石蜡、三聚氰酸三烯丙酯，搅拌至温度为 65～70℃，加入剩余各原料，脱水，保温搅拌 3～4h，降低温度至 35～40℃，过滤，即得所述含硅藻土的无钡金属防锈油。

所述的成膜助剂制备方法：将上述双硬脂酸铝加热到80～90℃，加入丙二醇甲醚乙酸酯，充分搅拌后降低温度到60～70℃，加入乙二醇单乙醚，300～400r/min搅拌分散4～6min，得预混料；将上述十二烯基丁二酸与虫胶树脂在80～100℃下混合，搅拌均匀后加入上述预混料中，充分搅拌后，加入霍霍巴油，冷却至常温，即得所述成膜助剂。

产品特性 本产品无毒环保，不含钡化合物，符合防锈油无钡化的环保要求，本产品抗湿热、抗腐蚀能力强，可以起到很好的保护作用。

配方70 含纳米碳粉的防锈油

原料配比

原料	配比(质量份)	原料		配比(质量份)
脱蜡煤油	41	成膜助剂	氯丁橡胶CR121	60
N32＃机械油	35		EVA树脂(VA含量28%)	30
三聚氰酸三烯丙酯	3		二甲苯	40
石油磺酸钙	7		聚乙烯醇	10
三乙醇胺	4		羟乙基亚乙基双硬脂酰胺	1
丙酮	3		2-正辛基-4-异噻唑啉-3-酮	4
1-羟基苯并三唑	3		甲基苯并三氮唑	3
硫磷丁辛基锌盐T202	2		甲基三乙氧基硅烷	2
成膜助剂	3		十二烷基聚氧乙烯醚	3
纳米碳粉	0.8		过氧化二异丙苯	2
二硬脂酰氧异丙氧基铝酸酯	1		2,5-二甲基-2,5-二(叔丁基过氧化)己烷	0.8

制备方法

(1) 将上述脱蜡煤油、N32＃机械油加入反应釜中，搅拌，加热到110～120℃；

(2) 加入上述石油磺酸钙，加热搅拌使其溶解；

(3) 加入上述1-羟基苯并三唑、丙酮、三聚氰酸三烯丙酯，连续脱水1～1.5h，降温至55～60℃；

(4) 加入上述二硬脂酰氧异丙氧基铝酸酯、三乙醇胺，在55～60℃下保温搅拌3～4h；

(5) 加入剩余各原料，充分搅拌，降低温度至35～38℃，过滤出料。

所述的成膜助剂的制备包括以下步骤：

(1) 将上述氯丁橡胶CR121加入密炼机内，在70～80℃下单独塑炼10～20min，然后出料冷却至常温；

(2) 将上述EVA树脂、羟乙基亚乙基双硬脂酰胺、2-正辛基-4-异噻唑啉-3-酮、甲基苯并三氮唑、十二烷基聚氧乙烯醚混合，在90～100℃下反应1～2h，加入上述塑炼后的氯丁橡胶，降低温度到80～90℃，继续反应40～50min，再加入剩余各原料，在60～70℃下反应4～5h。

产品特性 本产品不易变色，不易氧化，不影响工件的外观，综合性能优异，具有高的耐盐雾性、耐湿热性、耐老化性等，可清洗性能好。加入的成膜助剂改善了油膜的表面张力，使得喷涂均匀，在金属工件表面铺展性能好，形成的油膜均匀稳定，提高了对金属的保护作用。

配方71 含膨润土防锈油

原料配比

原料	配比(质量份)	原料		配比(质量份)
R12锭子油	50	桐油		1
100SN基础油	30	二硬脂酰氧异丙氧基铝酸酯		0.2
石油醚	2	成膜助剂	干性油醇酸树脂	40
石油磺酸钙	4		六甲氧甲基三聚氰胺树脂	2
膨润土	1		桂皮油	2
二聚酸	1		聚乙烯吡咯烷酮	1
亚磷酸二正丁酯	3		*N*-苯基-2-萘胺	0.3
二烷基二苯胺	1		甲基三乙氧基硅烷	0.2
成膜助剂	2			

制备方法 将上述膨润土与二硬脂酰氧异丙氧基铝酸酯混合，在120～130℃下高速搅拌4～6min，加入R12锭子油、100SN基础油，降低温度到100～120℃，保温搅拌反应1～2h；加入石油醚、石油磺酸钙，连续脱水1～2h，降温至55～60℃，加入剩余各原料，在35～45℃下保温搅拌2～3h，过滤出料，即得所述含膨润土防锈油。

所述的成膜助剂的制备方法：将上述干性油醇酸树脂与桂皮油混合，在90～100℃下保温搅拌6～8min，降低温度到55～65℃，加入六甲氧甲基三聚氰胺树脂，充分搅拌后加入甲基三乙氧基硅烷，200～300r/min搅拌分散10～15min，升高温度到130～135℃，加入剩余各原料，保温反应1～3h，冷却至常温，即得所述成膜助剂。

产品特性 本产品中加入膨润土，可以改善润滑效果，降低涂层表面张力，增强涂膜稳定性。加入的成膜助剂可以很好地改善成膜性，进一步提高了涂膜的稳定性，起到更好的防锈效果。

配方72 含松针粉的防锈油

原料配比

原料	配比(质量份)	原料	配比(质量份)
松针粉	2	四水八硼酸二钠	0.5
氨基三亚甲基膦酸	2	硬脂酸钡	3

续表

原料	配比(质量份)	原料		配比(质量份)
丙烯酸六氟丁酯	0.7	成膜机械油	去离子水	60
没食子酸丙酯	1～2		十二碳醇酯	7
桂皮油	2～3		季戊四醇油酸酯	3
防老剂 MB	0.2		交联剂 TAIC	0.2
二烯丙基胺	0.4		三乙醇胺油酸皂	2
150SN 基础油	70		硝酸镧	3
甲基异丁酮	0.4		机械油	100
环已六醇	1		磷酸二氢锌	10
石油磺酸钙	3		28%氨水	50
成膜机械油	6		硅烷偶联剂 KH560	0.2

制备方法

(1) 将四水八硼酸二钠加入 3～5 倍水中，搅拌均匀后加入松针粉、环已六醇，在 50～60℃下保温搅拌 6～10min，脱水，加入石油磺酸钙和硬脂酸钡，在 80～90℃下保温混合 3～5min；

(2) 将上述处理后的原料加入反应釜中，加入 150SN 基础油，在 100～120℃下搅拌混合 20～30min，加入桂皮油、没食子酸丙酯，降低温度到 80～90℃，脱水，搅拌混合 2～3h；

(3) 将反应釜温度降低到 50～60℃，加入剩余各原料，不断搅拌至常温，过滤出料。

所述的成膜机械油的制备方法：

(1) 取上述三乙醇胺油酸皂质量的 20%～30%，加入季戊四醇油酸酯中，在 60～70℃下搅拌混合 30～40min，得乳化油酸酯；

(2) 将十二碳醇酯加入去离子水中，搅拌条件下依次加入乳化油酸酯、交联剂 TAIC，在 73～80℃下搅拌混合 1～2h，得成膜助剂；

(3) 将磷酸二氢锌加入 28%氨水中，搅拌混合 6～10min，加入混合均匀的硝酸镧与硅烷偶联剂 KH560 的混合物，搅拌均匀，得稀土氨液；

(4) 将剩余的三乙醇胺油酸皂加入机械油中，搅拌均匀后加入上述成膜助剂、稀土氨液，在 120～125℃下保温反应 20～30min，脱水，即得所述成膜机械油。

产品特性 本产品中加入的松针粉具有一定的杀菌性，还可以改善传统防锈油的气味。本产品环保性好，无有害成分挥发，形成的涂膜稳定性好，耐老化性强，保护效果持久。

配方73 含松针粉的金属防锈油

原料配比

原料	配比(质量份)	原料		配比(质量份)
200SN 基础油	70	稀土防锈液压油		20
对羟基苯甲酸甲酯	3	稀土防锈液压油	N-乙烯基吡咯烷酮	3
松针粉	0.5		尼龙酸甲酯	3
羊毛脂	3		斯盘-80	0.7
三聚氰酸三烯丙酯	2		十二烯基丁二酸	16
环烷酸锌	2		液压油	110
山梨醇酐单硬脂酸酯	1		三烯丙基异氰尿酸酯	0.5
石油醚	2		去离子水	70
羟乙基亚乙基双硬脂酰胺	1		过硫酸钾	0.6
硬脂酸	1		氢氧化钠	5
2-甲基咪唑啉	2		硝酸铈	2
磷酸二氢锌	0.6			

制备方法

(1) 将 200SN 基础油加入反应釜中，在 110～120℃下保温搅拌混合 5～10min；

(2) 将羊毛脂与硬脂酸混合，搅拌均匀后加入松针粉，在 60～70℃下搅拌混合 10～20min，加入石油醚中，加入环烷酸锌，60～100r/min 搅拌分散 7～10min，加入上述反应釜中，加入磷酸二氢锌，在 70～80℃下保温搅拌 30～40min；

(3) 加入羟乙基亚乙基双硬脂酰胺、2-甲基咪唑啉，充分搅拌均匀，连续脱水 1～2h，加入剩余各原料，在 60～75℃下搅拌混合 2～3h；

(4) 将反应釜温度降低到 50～60℃，保温搅拌混合 40～50min，降低反应釜温度至常温，过滤出料。

所述的稀土防锈液压油的制备方法：

(1) 将 *N*-乙烯基吡咯烷酮与尼龙酸甲酯混合，在 50～60℃下搅拌 3～10min，得酯化烷酮；

(2) 取上述斯盘-80 质量的 70%～80%、去离子水质量的 30%～50%混合，搅拌均匀后加入酯化烷酮、三烯丙基异氰尿酸酯、上述过硫酸钾质量的 60%～70%，搅拌均匀，得烷酮分散液；

(3) 将十二烯基丁二酸与氢氧化钠混合，搅拌均匀后加入剩余的去离子水中，充分混合，加入硝酸铈，在 60～65℃下保温搅拌 20～30min，得稀土分散液；

（4）将剩余的斯盘-80、过硫酸钾混合加入液压油中，搅拌均匀后加入上述烷酮分散液、稀土分散液，在70～80℃下保温反应3～4h，脱水，即得所述稀土防锈液压油。

产品特性 本产品中加入的松针粉可以有效改善触变性，增强涂层的稳定性，减少流淌。本产品成本低，制备方法简单，耐候性强，综合性能好。

配方74 含有丙烯酸丁酯的金属防锈油

原料配比

原料		配比（质量份）
120＃溶剂油		110
石蜡		0.4
甲基二乙醇胺		1.6
环氧硬脂酸辛酯		0.5
环烷酸镁		0.4
硅烷偶联剂KH560		2.4
硅烷偶联剂A171		1.4
微晶蜡		2.5
硬脂酸铝		0.6
羊毛脂镁皂		1.6
一乙醇胺		0.6
石油磺酸钡		0.2
十二烷基硫酸钠		0.2
偏苯三酸三辛酯		0.1
苯并三氮唑		1.9
2-氨乙基十七烯基咪唑啉		2.5
硬脂酸锌		0.5
抗氧剂BHT		0.8
抗氧剂1010		0.5
二丙二醇		11
植酸		0.6
丙烯酸丁酯		1.2
改性纳米白云石粉		0.5
复合成膜材料		7.4
二茂铁		2
复合成膜材料	120＃溶剂油	67
	萜烯树脂T-110	32
	癸二酸二辛酯	2.6
	烷基糖苷	8
	羟丙基甲基纤维素	1
	辛基酚聚氧乙烯醚	2
改性纳米白云石粉	白云石粉	100
	11%氢氧化钠溶液	适量
	氯化石蜡	2
	环氧大豆油	2

制备方法

将制备含有丙烯酸丁酯的金属防锈油各原料在80～90℃下以300～400r/min的速率混合搅拌30～40min，停止搅拌，保温1～2h，冷却即得含有丙烯酸丁酯的金属防锈油。

所述复合成膜材料的制备方法：将萜烯树脂T-110、120＃溶剂油、烷基糖苷混匀，在55～60℃下以500～600r/min的速率搅拌30～40min，再加入其余制备复合成膜材料所需原料，升温到65～75℃后以500～600r/min的速率搅拌20～30min停止加热，冷却后即得复合成膜材料。

所述的改性纳米白云石粉的制备方法：白云石粉用11%氢氧化钠溶液浸泡3～4h，烘干，加入氯化石蜡、环氧大豆油，以3500～3800r/min的速率高速搅拌30～40min，烘干，研磨成纳米粉末，即得改性纳米白云石粉。

产品特性 本产品对钢类以及黄铜具有良好的气相防锈效果以及接触防锈效果，可以广泛应用于机械设备等内腔以及其他接触或非接触的金属部位的防锈。

配方75 含有甲基丙烯酸羟乙酯的金属防锈油

原料配比

原料	配比(质量份)
120＃溶剂油	100
甲基丙烯酸羟乙酯	1.8
硅烷偶联剂 KH602	1.8
石蜡	2
乙酰柠檬酸三乙酯	1.7
抗氧剂 1076	0.6
椰子油脂肪酸二乙醇酰胺	0.4
羊毛脂镁皂	0.2
苯并三氮唑	0.9
2-氨乙基十七烯基咪唑啉	3
环烷酸镁	0.6
正硅酸乙酯	0.4
山梨醇酐单油酸酯	2
乙醇	15
甲基丙烯酸异丁酯	0.55
改性纳米页岩粉	0.4

<table>
<tr><th colspan="2">原料</th><th>配比(质量份)</th></tr>
<tr><td colspan="2">抗氧剂 1010</td><td>0.2</td></tr>
<tr><td colspan="2">复合成膜材料</td><td>8</td></tr>
<tr><td colspan="2">聚乙二醇</td><td>0.3</td></tr>
<tr><td rowspan="8">复合成膜材料</td><td>松香季戊四醇酯</td><td>36</td></tr>
<tr><td>三异丙醇胺</td><td>0.2</td></tr>
<tr><td>仲醇聚氧乙烯醚</td><td>8</td></tr>
<tr><td>甲基异丁酮</td><td>4</td></tr>
<tr><td>乙酸甲酯</td><td>1</td></tr>
<tr><td>120＃溶剂油</td><td>72</td></tr>
<tr><td>丙烯酸丁酯</td><td>3</td></tr>
<tr><td>二甲基硅油</td><td>1</td></tr>
<tr><td rowspan="4">改性纳米页岩粉</td><td>页岩粉</td><td>100</td></tr>
<tr><td>7%～9%盐酸</td><td>适量</td></tr>
<tr><td>磷酸三甲苯酯</td><td>1</td></tr>
<tr><td>交联剂 TAC</td><td>1</td></tr>
</table>

制备方法

(1) 将松香季戊四醇酯、120＃溶剂油、仲醇聚氧乙烯醚混匀，在55～60℃下以500～600r/min的速率搅拌30～40min，再加入其余制备复合成膜材料所需原料，升温到65～75℃后以500～600r/min的速率搅拌20～30min停止加热，冷却后即得复合成膜材料。

(2) 页岩粉用浓度为7%～9%的盐酸浸泡3～4h，烘干，加入磷酸三甲苯酯、交联剂TAC，以3500～3800r/min的速率高速搅拌30～40min，烘干，研磨成纳米粉末，即得改性纳米页岩粉。

(3) 将制备含有甲基丙烯酸羟乙酯的金属防锈油的各原料在80～90℃下以300～400r/min的速率混合搅拌30～40min，停止搅拌，保温1～2h，冷却即得含有甲基丙烯酸羟乙酯的金属防锈油。

产品应用 本品是一种含有甲基丙烯酸羟乙酯的金属防锈油。

产品特性 本产品对钢类以及黄铜具有良好的气相防锈效果以及接触防锈效果，可以广泛应用于机械设备等内腔以及其他接触或非接触的金属部位的防锈。

配方76 含有甲基丙烯酸异丁酯的金属防锈油

原料配比

原料		配比(质量份)	原料		配比(质量份)
120＃溶剂油		120	复合成膜材料		6
羊毛脂		2	改性纳米蛭石粉		0.3
甲基丙烯酸异丁酯		2	丙二醇		10
硅烷偶联剂 KH570		1.5	复合成膜材料	松香季戊四醇酯	40
环氧大豆油		0.5		脂肪醇聚氧乙烯醚	9
斯盘-80		0.4		乙酸甲酯	1.5
抗氧剂 1135		0.7		丙二醇	1.2
辛基酚聚氧乙烯醚		0.3		120＃溶剂油	70
环烷酸镁		0.1		柠檬酸三丁酯	3
苯并三氮唑		0.5		二甲基硅油	3
2-氨乙基十七烯基咪唑啉		1.7	改性纳米蛭石粉	蛭石粉	100
氢化牛脂胺		1		7%～9%盐酸	适量
聚异丁烯酸甘油酯		2.1		己二酸二辛酯	1
聚异丁烯基丁二酰亚胺		0.5		交联剂 TAC	2
烷基糖苷		0.3			

制备方法

(1) 将松香季戊四醇酯、120＃溶剂油、脂肪醇聚氧乙烯醚混匀，在55～60℃下以500～600r/min的速率搅拌30～40min，再加入其余制备复合成膜材料所需原料，升温到65～75℃后以500～600r/min的速率搅拌20～30min停止加热，冷却后即得复合成膜材料。

(2) 蛭石粉用浓度为7%～9%的盐酸浸泡3～4h，烘干，加入己二酸二辛酯、交联剂TAC，以3500～4000r/min的速率高速搅拌30～40min，烘干，研磨成纳米粉末，即得改性纳米蛭石粉。

(3) 将制备含有甲基丙烯酸异丁酯的金属防锈油各原料在80～90℃下以300～400r/min的速率混合搅拌30～40min，停止搅拌，保温1～2h，冷却即得含有甲基丙烯酸异丁酯的金属防锈油。

产品应用 本品主要应用于机械设备等内腔以及其他接触或非接触的金属部位的防锈。

产品特性 本产品对钢类以及黄铜具有良好的气相防锈效果以及接触防锈效果。

配方77 含有聚异丁烯酸甘油酯的金属防锈油

原料配比

原料	配比(质量份)	原料	配比(质量份)
120＃溶剂油	120	聚异丁烯酸甘油酯	2.1
羊毛脂	2.3	硅烷偶联剂 KH560	2

续表

原料	配比(质量份)	原料		配比(质量份)
硬脂酸铝	0.4	复合成膜材料	松香季戊四醇酯	45
异丁醇	0.2		脂肪醇聚氧乙烯醚	8
抗氧剂 168	0.3		甲基异丁酮	1
抗氧剂 264	0.2		丙二醇	2
聚丙二醇二缩水甘油醚	0.2		120 # 溶剂油	80
环烷酸镁	0.2		癸二酸二辛酯	2
苯并三氮唑	0.9		二甲基硅油	4
2-氨乙基十七烯基咪唑啉	1.2	改性纳米水滑石粉	水滑石粉	100
氢化牛脂胺	0.7		6%～8%的盐酸	适量
聚异丁烯基丁二酰亚胺	0.5		环氧大豆油	3
十二烷基硫酸钠	0.8		交联剂 TAC	2
复合成膜材料	7			
改性纳米水滑石粉	1			

制备方法

(1) 将松香季戊四醇酯、120 # 溶剂油、脂肪醇聚氧乙烯醚混匀，在 55～60℃下以 500～600r/min 的速率搅拌 30～40min，再加入其余制备复合成膜材料所需原料，升温到 65～75℃后以 500～600r/min 的速率搅拌 20～30min 停止加热，冷却后即得复合成膜材料。

(2) 水滑石粉用 6%～8%的盐酸浸泡 3～4h，烘干，加入环氧大豆油、交联剂 TAC，以 3500～3800r/min 的速率高速搅拌 30～40min，烘干，研磨成纳米粉末，即得改性纳米水滑石粉。

(3) 将制备含有聚异丁烯酸甘油酯的金属防锈油各原料在 80～90℃下以 300～400r/min 的速率混合搅拌 30～40min，停止搅拌，保温 1～2h，冷却即得含有聚异丁烯酸甘油酯的金属防锈油。

产品应用 本品主要用于机械设备等内腔以及其他接触或非接触的金属部位的防锈。

产品特性 本产品对钢类以及黄铜具有良好的气相防锈效果以及接触防锈效果。

配方78 含有平平加的金属防锈油

原料配比

原料	配比(质量份)	原料	配比(质量份)
120 #溶剂油	110	聚乙二醇	0.6
硅烷偶联剂 KH560	2.4	异丁醇	2
硅烷偶联剂 KH	540	甘油	0.6
微晶蜡	2.2	石油磺酸钡	0.4

续表

原料	配比(质量份)	原料		配比(质量份)
石油磺酸钠	0.2	复合成膜材料	C_5 石油树脂	36
苯并三氮唑	0.9		癸二酸二辛酯	1.6
2-氨乙基十七烯基咪唑啉	1.8		异构醇聚氧乙烯醚	8
硬脂酸锌	0.5		乙酸甲酯	2
硬脂酸镁	0.4		120＃溶剂油	70
平平加	0.6		丙烯酸甲酯	2
植酸	1.4		蓖麻籽油	2
抗氧剂 2246	0.6	改性纳米页岩粉	页岩粉	100
抗氧剂 T501	0.2		10%～12%的盐酸	适量
苯乙醇胺 A	0.4		磷酸三甲苯酯	2
羊毛脂	0.6		交联剂 TAC	1
己二酸二辛酯	0.2			
改性纳米页岩粉	0.5			
复合成膜材料	8			

制备方法

(1) 将 C_5 石油树脂、120＃溶剂油、异构醇聚氧乙烯醚混匀，在 55～60℃下以 500～600r/min 的速率搅拌 30～40min，再加入其余制备复合成膜材料所需原料，升温到 65～75℃后以 500～600r/min 的速率搅拌 20～30min 停止加热，冷却后即得复合成膜材料。

(2) 页岩粉用 10%～12%的盐酸浸泡 3～4h，烘干，加入磷酸三甲苯酯、交联剂 TAC，以 3500～3800r/min 的速率高速搅拌 30～40min，烘干，研磨成纳米粉末，即得改性纳米页岩粉。

(3) 将制备含有平平加的金属防锈油各原料在 80～90℃下以 300～400r/min 的速率混合搅拌 30～40min，停止搅拌，保温 1～2h，冷却即得含有平平加的金属防锈油。

产品应用 本品主要用于机械设备等内腔以及其他接触或非接触的金属部位的防锈。

产品特性 本产品对钢类以及黄铜具有良好的气相防锈效果以及接触防锈效果。

配方79 含有三聚甘油单硬脂酸酯的金属防锈油

原料配比

原料	配比(质量份)	原料	配比(质量份)
环烷酸锌	0.3	甲基丙烯酸异丁酯	2
苯并三氮唑	0.6	硅烷偶联剂 KH540	2.4
2-氨乙基十七烯基咪唑啉	1.6	羊毛脂镁皂	2.7
120＃溶剂油	115	石油磺酸钡	0.7

续表

原料	配比(质量份)	原料		配比(质量份)
抗氧剂 BHT	0.7	复合成膜材料	145 松香树脂	38
醇醚糖苷	0.8		脂肪醇聚氧乙烯醚	10
油酸三乙醇胺	0.6		乙酸甲酯	4
三聚甘油单硬脂酸酯	1.4		乙酸乙酯	1
甲醇	0.5		120 # 溶剂油	72
硅烷偶联剂 KH550	0.4		丙烯酸丁酯	3
复合成膜材料	6		二甲基硅油	2
改性纳米钾长石粉	0.5	改性纳米钾长石粉	钾长石粉	100
抗氧剂 626	0.2		7%～9%的盐酸	适量
			磷酸三甲苯酯	1.3
			交联剂 TAC	1.5

制备方法

(1) 将 145 松香树脂、120 # 溶剂油、脂肪醇聚氧乙烯醚混匀，在 55～60℃下以 500～600r/min 的速率搅拌 30～40min，再加入其余制备复合成膜材料所需原料，升温到 65～75℃后以 500～600r/min 的速率搅拌 20～30min 停止加热，冷却后即得复合成膜材料。

(2) 钾长石粉用 7%～9%的盐酸浸泡 3～4h，烘干，加入磷酸三甲苯酯、交联剂 TAC，以 3500～3800r/min 的速率高速搅拌 30～40min，烘干，研磨成纳米粉末，即得改性纳米钾长石粉。

(3) 将制备含有三聚甘油单硬脂酸酯的金属防锈油各原料在 80～90℃下以 300～400r/min 的速率混合搅拌 30～40min，停止搅拌，保温 1～2h，冷却即得含有三聚甘油单硬脂酸酯的金属防锈油。

产品应用 本品主要用于机械设备等内腔以及其他接触或非接触的金属部位的防锈。

产品特性 本产品对钢类以及黄铜具有良好的气相防锈效果以及接触防锈效果。

配方80 含有三氯叔丁醇的金属防锈油

原料配比

原料	配比(质量份)	原料	配比(质量份)
120 # 溶剂油	110	环烷酸锌	0.4
抗氧剂 1135	0.5	环烷酸镁	0.4
抗氧剂 1076	0.3	硅烷偶联剂 KH550	2.4
山梨醇酐单油酸酯	0.4	硅烷偶联剂 A171	1.4
油酸三乙醇胺	1.6	微晶蜡	2.5
环氧硬脂酸辛酯	0.5	八甲基环四硅氧烷	0.6

续表

原料	配比(质量份)	原料		配比(质量份)
丙酮	1.5	复合成膜材料	120＃溶剂油	68
一乙醇胺	0.6		C_5 石油树脂	42
石油磺酸钡	0.4		癸二酸二辛酯	1.8
十二烷基硫酸钠	0.4		月桂醇聚氧乙烯醚	8
单硬脂酸甘油酯	0.1		乙酸甲酯	2
苯并三氮唑	1.4		乙酰柠檬酸三乙酯	2
2-氨乙基十七烯基咪唑啉	2.5		二甲基硅油	2
硬脂酸锌	0.3	改性纳米凹凸棒土	凹凸棒土	100
平平加	0.6		10%～12%的氢氧化钠溶液	适量
三氯叔丁醇	1.1		磷酸三甲苯酯	2
改性纳米凹凸棒土	0.5		邻苯二甲酸二异癸酯	1
复合成膜材料	7.1			

制备方法

(1) 将 C_5 石油树脂、120＃溶剂油、月桂醇聚氧乙烯醚混匀，在 55～60℃下以 500～600r/min 的速率搅拌 30～40min，再加入其余制备复合成膜材料所需原料，升温到 65～75℃后以 500～600r/min 的速率搅拌 20～30min 停止加热，冷却后即得复合成膜材料。

(2) 凹凸棒土用10%～12%的氢氧化钠溶液浸泡 3～4h，烘干，加入磷酸三甲苯酯、邻苯二甲酸二异癸酯，以 3000～3200r/min 的速率高速搅拌 30～40min，烘干，研磨成纳米粉末，即得改性纳米凹凸棒土。

(3) 将制备含有三氯叔丁醇的金属防锈油各原料在 80～90℃下以 300～400r/min 的速率混合搅拌 30～40min，停止搅拌，保温 1～2h，冷却即得含有三氯叔丁醇的金属防锈油。

产品应用 本品主要用于机械设备等内腔以及其他接触或非接触的金属部位的防锈。

产品特性 本产品对钢类以及黄铜具有良好的气相防锈效果以及接触防锈效果。

配方81 含有山梨醇酐单油酸酯的金属防锈油

原料配比

原料	配比(质量份)	原料	配比(质量份)
120＃溶剂油	110	聚丙二醇	0.2
甲基丙烯酸羟乙酯	1.3	改性纳米高岭石粉	0.4
硅烷偶联剂 KH	792	抗氧剂 626	0.2
山梨醇酐单油酸酯	1.8	复合成膜材料	7
乙醇	0.7	硬脂酸镁	0.4

续表

原料		配比(质量份)	原料		配比(质量份)
聚乙二醇		0.5	复合成膜材料	辛基酚聚氧乙烯醚	5
油酸三乙醇胺		2.5		三氯叔丁醇	2
石油磺酸钡		0.7		乙酸乙酯	2
抗氧剂 BHT		0.6		120＃溶剂油	72
醇醚糖苷		0.8		丙烯酸丁酯	3
苯乙醇胺 A		0.3		二甲基硅油	2
苯并三氮唑		0.9	改性纳米高岭石粉	高岭石粉	100
2-氨乙基十七烯基咪唑啉		1.9		8%～12%的盐酸	适量
植酸		0.4		磷酸三甲苯酯	1
复合成膜材料	138 松香树脂	40		交联剂 TAC	1
	三异丙醇胺	0.4			

制备方法

(1) 将138松香树脂、120＃溶剂油、辛基酚聚氧乙烯醚混匀，在55～60℃下以500～600r/min的速率搅拌30～40min，再加入其余制备复合成膜材料所需原料，升温到65～75℃后以500～600r/min的速率搅拌20～30min停止加热，冷却后即得复合成膜材料。

(2) 高岭石粉用8%～12%的盐酸浸泡1～2h，烘干，加入磷酸三甲苯酯、交联剂TAC，以3500～3800r/min的速率高速搅拌30～40min，烘干，研磨成纳米粉末，即得改性纳米高岭石粉。

(3) 将制备含有山梨醇酐单油酸酯的金属防锈油各原料在80～90℃下以300～400r/min的速率混合搅拌30～40min，停止搅拌，保温1～2h，冷却即得含有山梨醇酐单油酸酯的金属防锈油。

产品应用 本品是一种含有山梨醇酐单油酸酯的金属防锈油，应用于机械设备等内腔以及其他接触或非接触的金属部位的防锈。

产品特性 本产品耐盐雾性能较好，使多种金属都具有良好的防锈效果。静态不接触加速试验和盐雾箱加速腐蚀试验表明该金属防锈油具有良好的气相防锈性能，又具有优异的接触防锈效果。

配方82 含有萜烯树脂T-120的金属防锈油

原料配比

原料	配比(质量份)	原料	配比(质量份)
120＃溶剂油	110	氢化牛脂胺	0.7
二茂铁	1.2	抗氧剂 168	2.8
甲基丙烯酸甲酯	2.2	邻苯二甲酸二异癸酯	0.9
硅烷偶联剂 KH550	1.3	十二烷基硫酸钠	0.8
聚二甲基硅氧烷	2	改性树脂	8
苯并三氮唑	1.2	改性纳米竹炭粉	2
2-氨乙基十七烯基咪唑啉	1.6		

续表

原料		配比(质量份)	原料		配比(质量份)
改性树脂	萜烯树脂 T-120	45	改性纳米竹炭粉	竹炭粉	100
	脂肪醇聚氧乙烯醚	20		6%～8%的盐酸	适量
	聚乙烯醇	4		氯化石蜡	3
	120＃溶剂油	140		交联剂 TAC	1
	癸二酸二辛酯	3			
	二甲基硅油	4			

制备方法

(1) 将萜烯树脂 T-120、120＃溶剂油、脂肪醇聚氧乙烯醚混匀，在 45～50℃下以 500～600r/min 的速率搅拌 20～30min，再加入其余制备改性树脂所需原料，升温到 65～75℃后以 500～600r/min 的速率搅拌 20～30min 停止加热，冷却后即得改性树脂。

(2) 竹炭粉用 6%～8%的盐酸浸泡 3～4h，烘干，加入氯化石蜡、交联剂 TAC，以 3500～3800r/min 的速率高速搅拌 30～40min，烘干，研磨成纳米粉末，即得改性纳米竹炭粉。

(3) 将制备含有萜烯树脂 T-120 的多功能金属防锈油各原料在 80～90℃下以 300～400r/min 的速率混合搅拌 30～40min，停止搅拌，保温 1～2h，冷却即得含有萜烯树脂 T-120 的多功能金属防锈油。

产品特性 静态不接触加速试验和盐雾箱加速腐蚀试验表明该防锈油具有良好的气相防锈性能，又具有优异的接触防锈效果，可以广泛应用于机械设备等内腔以及其他接触或非接触的金属部位的防锈。

配方83 含有稀土化合物的防锈油

原料配比

原料		配比(质量份)	原料		配比(质量份)
脱蜡煤油		70	稀土复合物	阿拉伯胶	3
稀土复合物		4		二甲苯	12
单十二烷基磷酸酯钾		0.7		月桂酰基谷氨酸二钠	1
山梨醇酯		2		斯盘-80	0.2
氢化蓖麻油		10	防锈助剂	古马隆树脂	26
2,4-二氯苯氧乙酸		0.5		四氢糠醇	4～5
异氰尿酸三缩水甘油酯		4		乙酰丙酮锌	0.6
防锈助剂		5		十二烯基丁二酸半酯	5
稀土复合物	氧化铈	0.1		150SN 基础油	19
	乙酰化羊毛脂	16		三羟甲基丙烷三丙烯酸酯	2

制备方法

(1) 将上述脱蜡煤油与稀土复合物混合，加入反应釜内，在 110～120℃下保温搅拌 1～2h；

（2）加入剩余各原料，搅拌均匀，脱水，降低温度到 30～40℃，过滤出料。

所述的稀土复合物的制备方法：将上述阿拉伯胶加热到 40～50℃，加入氧化铈，搅拌均匀，加入斯盘-80、二甲苯，保温搅拌 3～5min，加入剩余各原料，搅拌至常温，即得所述稀土复合物。

所述的防锈助剂的制备方法：

（1）将上述古马隆树脂加热到 75～80℃，加入乙酰丙酮锌，搅拌混合 10～15min，加入四氢糠醇，搅拌至常温；

（2）将 150SN 基础油质量的 30%～40%与十二烯基丁二酸半酯混合，在 100～110℃下搅拌 1～2h；

（3）将上述处理后的各原料混合，加入剩余各原料，100～200r/min 搅拌分散 30～50min，即得所述防锈助剂。

产品特性 本产品加入了稀土化合物，可以有效提高耐候性，改善油膜的表面张力，使得喷涂均匀，在金属基材表面的铺展性好，避免了油膜不均匀造成氧浓度差异引起的腐蚀，对基材可以起到更好的保护效果。

配方84 含有稀土铈化合物的金属防锈油

原料配比

原料	配比(质量份)	原料		配比(质量份)
150SN 基础油	60	成膜助剂		2
46＃机械油	30	成膜助剂	干性油醇酸树脂	40
中性二壬基萘磺酸钡	4		六甲氧甲基三聚氰胺树脂	3
酒石酸	2		桂皮油	1
辛基化二苯胺	2		聚乙烯吡咯烷酮	1
聚甘油脂肪酸酯	4		*N*-苯基-2-萘胺	0.3
2-氨乙基十七烯基咪唑啉	2		甲基三乙氧基硅烷	0.2
乙酸铈	0.2			

制备方法 将上述 150SN 基础油、46＃机械油混合加入反应釜内，搅拌，升温至 100～120℃，再加入中性二壬基萘磺酸钡、酒石酸，加热搅拌，再加入辛基化二苯胺，连续脱水 1～2h，降低温度至 50～60℃，加入剩余各原料，保温搅拌 3～4h，降低温度至 35～40℃，过滤，即得所述防锈油组合物。

所述的成膜助剂的制备方法：将上述干性油醇酸树脂与桂皮油混合，在90～100℃下保温搅拌 6～8min，降低温度到 55～65℃，加入六甲氧甲基三聚氰胺树脂，充分搅拌后加入甲基三乙氧基硅烷，200～300r/min 搅拌分散 10～15min，升高温度到 130～135℃，加入剩余各原料，保温反应 1～3h，冷却至常温，即得所述成膜助剂。

产品特性 本产品不易变色，具有高的耐盐雾性、耐水性，加入的成膜助剂改善了涂膜的表面张力，增强了涂膜的稳定性。

配方85 含有稀土铈化合物的无钡金属防锈油

原料配比

原料		配比(质量份)									
		1#	2#	3#	4#	5#	6#	7#	8#	9#	10#
有机磺酸铈化合物	十二烷基苯磺酸	0.4	—	—	0.4	—	—	—	—	—	0.4
	九烷基苯磺酸	—	0.4	—	—	0.4	—	—	—	—	—
	十四烷基磺酸	—	—	0.4	—	—	—	—	—	—	—
	十四羧酸	—	—	—	—	—	0.4	—	—	—	—
	辛酸	—	—	—	—	—	—	0.4	—	—	—
	癸酸	—	—	—	—	—	—	—	0.4	—	—
	十二酸	—	—	—	—	—	—	—	—	0.4	—
	氢氧化钠水溶液	0.4	0.4	0.4	0.4	0.4	0.4	0.4	0.4	0.4	0.4
	氯化铈水溶液	0.1	0.1	0.1	0.1	0.1	0.1	0.1	0.1	0.1	0.1
有机磺酸铈		5	5	5	5	5	—	—	—	—	7
有机羧酸铈		—	—	—	—	—	5	5	5	5	—
十二烯基丁二酸		3	3	3	3	3	3	3	3	3	3
山梨醇酯		5	4	4	5	5	5	5	5	5	5
苯并三氮唑		0.1	0.1	0.1	0.1	0.1	0.1	0.1	0.1	0.1	0.1
150SN 矿物油		86.9	86.9	86.9	86.9	86.9	86.9	86.9	86.9	86.9	84.9

制备方法 将各组分原料混合均匀即可。

产品应用 本品是含有油溶性稀土铈化合物添加剂的不含钡高性能金属防锈油。使用时，可通过浸渍、直接涂刷或者喷涂的方式在金属表面形成油膜。

产品特性 采用油溶性稀土铈化合物与有机酸、山梨醇酯、苯并三氮唑等复合作为防锈添加剂，用矿物油调和得到的防锈油抗湿热防锈性能突出，并且产品中不含钡化合物，符合防锈油无钡化的环保要求。当防锈添加剂总加入量在10%以内时，抗湿热防锈期即可达到60天以上。

配方86 含有纤维素的防锈油

原料配比

原料	配比(质量份)	原料	配比(质量份)
300SN 基础油	70	三乙醇胺	0.1
氰乙基纤维素	0.7	石油磺酸钠	5
过氧化钾	0.3	硬脂酸铝	3
二月桂酸二丁基锡	2	硫磷丁辛基锌盐 T202	0.9
木糖醇	1	1-羟乙基-2-油基咪唑啉	0.6
己二酸二辛酯	4	稀土缓蚀液压油	20
8-羟基喹啉	1		

续表

原料		配比(质量份)	原料		配比(质量份)
稀土缓蚀液压油	聚环氧琥珀酸	3	稀土缓蚀液压油	液压油	110
	正硅酸四乙酯	3		去离子水	70
	磷酸二氢钠	1		氢氧化钠	3
	十二烷基硫酸钠	0.8		硝酸铈	3
	氧化铝	0.7		斯盘-80	0.5
	十二烯基丁二酸	15			

制备方法

(1) 将氰乙基纤维素与石油磺酸钠混合，搅拌均匀后加入300SN基础油中，加入8-羟基喹啉，在70～80℃下搅拌混合20～30min；

(2) 将木糖醇与己二酸二辛酯混合，在60～70℃下搅拌3～5min，加入三乙醇胺、过氧化钾，保温混合10～20min；

(3) 将上述处理后的各原料混合，加入反应釜中，充分搅拌均匀，加入硬脂酸铝，搅拌混合20～30min，脱水，控制反应釜温度为80～85℃，搅拌混合2～3h；

(4) 将反应釜温度降低到50～60℃，加入剩余各原料，不断搅拌至常温，过滤出料。

所述的稀土缓蚀液压油的制备方法：

(1) 将磷酸二氢钠与上述去离子水质量的16%～20%混合，搅拌均匀后加入聚环氧琥珀酸，充分混合，得酸化缓蚀剂；

(2) 取剩余去离子水质量的40%～50%与十二烷基硫酸钠混合，搅拌均匀，加入正硅酸四乙酯、氧化铝，搅拌条件下滴加氨水，调节pH为7.8～9，搅拌均匀，得硅铝溶胶；

(3) 将十二烯基丁二酸与氢氧化钠混合，搅拌均匀后加入剩余的去离子水中，充分混合，加入硝酸铈，在60～65℃下保温搅拌20～30min，得稀土分散液；

(4) 将斯盘-80加入液压油中，搅拌均匀后加入上述稀土分散液、酸化缓蚀剂、硅铝溶胶，在80～90℃下保温反应20～30min，脱水，即得所述稀土缓蚀液压油。

产品特性 本产品中加入的氰乙基纤维素可以很好地与各种原料混溶，不会造成沉积，可以有效提高表面涂抹的抗性，提高抗摩擦等性能。本产品具有很好的耐湿热和耐酸碱腐蚀性，综合性能优越。

配方87 含氧化铈防锈油

原料配比

原料	配比(质量份)	原料	配比(质量份)
有机硅油	65	石油磺酸钡	4

续表

原料	配比(质量份)	原料	配比(质量份)
氧化铈	11	微晶纤维素	3
氢氧化镁	22	苯甲酸环己胺	5.5
螺旋藻粉	5	苯甲酸铵	3.5
苯三唑	2.5	六偏磷酸钠	1.5
硬脂酸镁	2	抗氧剂 1010	3
油酸三乙醇胺	4.5	2-甲基-4-乙基咪唑	4
十二烷基苯磺酸钠	6	*N*-甲基吡咯烷酮	3
钼酸铵	4	无水乙醇	适量

制备方法

(1) 按组成原料的质量份量取有机硅油，加入反应釜中加热搅拌，至150～160℃时加入硬脂酸镁、十二烷基苯磺酸钠、钼酸铵和六偏磷酸钠，搅拌反应15～20min；

(2) 按质量份称取氧化铈、氢氧化镁和螺旋藻粉，分别研磨粉碎后混合，加入适量无水乙醇，混合均匀后在600～700℃下烧结40～50min，再以无水乙醇为介质研磨成浆备用；

(3) 在步骤 (1) 的物料中加入石油磺酸钡、微晶纤维素、苯甲酸环己胺、苯甲酸铵和步骤 (2) 的备用浆料，升温至180～200℃继续搅拌，反应40～50min，冷却至40～50℃；

(4) 在步骤 (3) 的物料中按组成原料的质量份加入其他组成原料，继续搅拌4～5h过滤，即得成品。

产品特性 本产品极大地提高了防锈性。在防锈油中加入稀土氧化物氧化铈可以有效提高耐候性，改善油膜的表面张力，其在金属基材表面的铺展性好，可用于各行业的防锈应用中。

配方88 含有椰子油脂肪酸二乙醇酰胺的金属防锈油

原料配比

原料	配比(质量份)	原料	配比(质量份)
120#溶剂油	110	异丁醇	1.8
硅烷偶联剂 KH540	2.4	抗氧剂 1076	0.6
硅烷偶联剂 KH	602	椰子油脂肪酸二乙醇酰胺	0.6
微晶蜡	2.7	石油磺酸钡	0.4
甲基丙烯酸异丁酯	0.6	石油磺酸钠	0.4
改性纳米页岩粉	0.3	苯并三氮唑	0.9
抗氧剂 1010	0.2	2-氨乙基十七烯基咪唑啉	3
复合成膜材料	8	环烷酸镁	0.8
聚乙二醇	0.5	壬基酚聚氧乙烯醚	0.6

续表

原料		配比(质量份)
斯盘-80		1.4
抗氧剂 T501		0.2
苯乙醇胺 A		0.3
复合成膜材料	松香季戊四醇酯	36
	癸二酸二辛酯	1.6
	醇醚糖苷	7
	乙酸乙酯	5
复合成膜材料	120#溶剂油	70
	丙烯酸甲酯	3
	蓖麻籽油	2
改性纳米页岩粉	页岩粉	100
	10%～12%的盐酸	适量
	磷酸三甲苯酯	2
	交联剂 TAC	1

制备方法

(1) 将松香季戊四醇酯、120#溶剂油、醇醚糖苷混匀，在55～60℃下以500～600r/min的速率搅拌30～40min，再加入其余制备复合成膜材料所需原料，升温到65～75℃后以500～600r/min的速率搅拌20～30min停止加热，冷却后即得复合成膜材料。

(2) 页岩粉用10%～12%的盐酸浸泡3～4h，烘干，加入磷酸三甲苯酯、交联剂TAC，以2000～3000r/min的速率高速搅拌20～30min，烘干，研磨成纳米粉末，即得改性纳米页岩粉。

(3) 将制备含有椰子油脂肪酸二乙醇酰胺的金属防锈油各原料在80～90℃下以300～400r/min的速率混合搅拌30～40min，停止搅拌，保温1～2h，冷却即得含有椰子油脂肪酸二乙醇酰胺的金属防锈油。

产品应用 本品主要用于机械设备等内腔以及其他接触或非接触的金属部位的防锈。

产品特性 本产品对钢类以及黄铜具有良好的气相防锈效果以及接触防锈效果。

配方89 黑色光亮防锈油

原料配比

原料	配比(质量份)
煤焦油	6
甲基全氟壬基酮	1
铜铬黑	0.5
月桂氮卓酮	0.5
N68#机械油	70
甲酰胺	2
氟化乙烯丙烯共聚物	0.5
甲壳素	2
蓖麻籽油	4
柠檬酸三丁酯	2

续表

原料		配比(质量份)
氯化石蜡		6
月桂酸二乙醇酰胺		0.5
N-羟甲基丙烯酰胺		0.6
钼酸铵		0.5
抗磨机械油		3
乳酸钙		0.4
抗磨机械油	棕榈酸	0.5
	萜烯树脂	2
	T321 硫化异丁烯	7
	蓖麻油酸	6
	丙三醇	30
	浓硫酸	适量
	磷酸二氢锌	10
	28%氨水	40
	单硬脂酸甘油酯	2
	机械油	80
	硝酸镧	3
	硅烷偶联剂 KH560	0.2

制备方法

(1) 将煤焦油、氯化石蜡混合，在 60～70℃下保温搅拌 3～5min，加入乳酸钙，搅拌至常温，得预混料；

(2) 将氟化乙烯丙烯共聚物与 *N*-羟甲基丙烯酰胺混合，加入预混料和柠檬酸三丁酯，在 100～110℃下搅拌混合 10～20min，加入上述 N68＃机械油质量的 20%～30%，搅拌均匀；

(3) 将上述处理后的原料加入反应釜中，加入剩余的 N68＃机械油，在 100～120℃下搅拌混合 20～30min，加入月桂酸二乙醇酰胺、甲壳素，降低温度到 80～90℃，脱水，搅拌混合 2～3h；

(4) 将反应釜温度降低到 50～60℃，加入剩余各原料，不断搅拌至常温，过滤出料。

所述的抗磨机械油的制备方法：

(1) 将蓖麻油酸加入丙三醇中，搅拌条件下滴加体系物料质量 1.5%～2%的浓硫酸，滴加完毕后加热到 160～170℃，保温反应 3～5h，得酯化料；

(2) 取上述硅烷偶联剂 KH560 质量的 30%～40%，加入棕榈酸中，搅拌均匀，加入酯化料，在 150～160℃下保温反应 1～2h，降低温度到 85～90℃，加入萜烯树脂，保温搅拌 30～40min，得改性萜烯树脂；

(3) 将磷酸二氢锌加入 28%氨水中，搅拌混合 6～10min，加入混合均匀的硝酸镧与剩余硅烷偶联剂 KH560 的混合物，搅拌均匀，得稀土氨液；

(4) 将单硬脂酸甘油酯加入机械油中，搅拌均匀后加入上述改性萜烯树脂、稀土氨液，在 120～125℃下保温反应 20～30min，脱水，将反应釜温度降低到 50～60℃，加入 T321 硫化异丁烯，混合均匀，即得所述抗磨机械油。

产品特性 本产品使用方便，喷涂、刷涂、浸泡均可达到良好的防锈效果，可以在金属表层形成稳定的黑色光亮保护层，防锈时间长，涂层耐水，耐酸碱，耐高、低温性好。

配方 90 互穿网络硬膜防锈油

原料配比

原料	配比(质量份)			
	1 #	2 #	3 #	4 #
互穿网络树脂	20	20	40	40
石油树脂	10	30	10	10
催化剂	5	5	1	1
T701 防锈剂	4	4	4	4
T704 防锈剂	10	10	10	10
T705 防锈剂	5	5	5	5
抗氧剂	2	2	2	2
120 # 溶剂	加至 100	加至 100	加至 100	加至 100

制备方法 先按比例称取互穿网络树脂、石油树脂加入反应釜中，在搅拌下加入催化剂，在常温～50℃下进行交联反应 3～5h，加入 T701 防锈剂、T704 防锈剂、T705 防锈剂、抗氧剂，继续反应 1～2h，反应完毕后，加入 120 # 溶剂，搅拌均匀后，过滤即制成。

原料介绍 所述的互穿网络树脂为环氧改性丙烯酸树脂。

所述的石油树脂为 C_9 石油树脂、DCPD 树脂、C_5/C_9 共聚树脂中的一种。

所述催化剂为乙烯基苯乙烯。

所述抗氧剂为四- [β-(3,5-二叔丁基-4-羟基苯基) 丙酸] 季戊四醇酯。

产品应用 本品是一种互穿网络硬膜防锈油，用于需要室内外封存，特别是需要海上运输的金属构件表面涂装与保护。

产品特性

(1) 本产品涂于金属表面能形成一层致密的保护薄膜，具有防锈性能强，耐候性好，硬度高，耐盐雾、耐湿热时间长，干燥速度快，施工方便等特点。

(2) 产品性能优异。本产品选择互穿网络树脂和石油树脂组成主要成膜剂，并选择合适的催化剂使互穿网络树脂和石油树脂在较低的温度下进行交联反应，增强了成膜剂的致密性，从而提高了防锈膜的硬度和隔绝空气的能力，使耐盐雾时间从 48h 提高到 96h 以上，并很好地解决了防锈膜脆、易龟裂等问题。

(3) 生产工艺简单。本产品采用了较低的反应温度或在常温下反应，使操作变得简单，降低了生产成本。

配方91 环保触变性防锈油

原料配比

原料	配比(质量份)	原料		配比(质量份)
锭子油	90	斯盘-80		0.6
羟乙基吡咯烷酮	0.3	防锈助剂		6
1-羟乙基-2-油基咪唑啉	2	防锈助剂	古马隆树脂	30
二壬基萘磺酸钙	5		四氢糠醇	4
有机膨润土	1		乙酰丙酮锌	0.6
壬基酚聚氧乙烯醚	0.7		十二烯基丁二酸半酯	3
环氧大豆油	4		150SN 基础油	19
癸烷基伯胺	0.6		三羟甲基丙烷三丙烯酸酯	2

制备方法

(1) 将上述锭子油质量的60%～70%与二壬基萘磺酸钙、防锈助剂混合加入反应釜内，在100～120℃下保温搅拌1～2h；

(2) 加入剩余各原料，降低温度到60～80℃，搅拌混合2～3h，脱水，降低温度到30～40℃，充分搅拌，过滤出料。

所述的防锈助剂的制备方法：

(1) 将上述古马隆树脂加热到75～80℃，加入乙酰丙酮锌，搅拌混合10～15min，加入四氢糠醇，搅拌至常温；

(2) 将150SN基础油质量的30%～40%与十二烯基丁二酸半酯混合，在100～110℃下搅拌1～2h；

(3) 将上述处理后的各原料混合，加入剩余各原料，100～200r/min搅拌分散30～50min，即得所述防锈助剂。

产品特性 本产品性能优异，并具有一定的润滑性。优良的触变性使其在金属表面能形成稳定的油膜，减少流淌，在钢板被卷起的时候依然可以保持稳定的油膜，节约用油。

配方92 环保触变性工件防锈油

原料配比

原料	配比(质量份)
25＃变压油	60
50＃机械油	30
羊毛脂镁皂	5
氢化蓖麻油	3
失水山梨醇脂肪酸酯	2
4,4′-二辛基二苯胺	2

续表

原料		配比(质量份)
β-(3,5-二叔丁基-4-羟基苯基)丙酸正十八碳醇酯		0.4
成膜助剂		3
成膜助剂	十二烯基丁二酸	14
	虫胶树脂	2
	双硬脂酸铝	7
	丙二醇甲醚乙酸酯	6
	乙二醇单乙醚	0.3
	霍霍巴油	0.4

制备方法 将上述25#变压油、50#机械油混合，加热搅拌，加入羊毛脂镁皂，搅拌加热到100～120℃，脱水，冷却至60～70℃，加入剩余各原料，脱水，保温搅拌3～4h，降低温度至35～40℃，过滤，即得所述环保触变性工件防锈油。

所述的成膜助剂的制备方法：将上述双硬脂酸铝加热到80～90℃，加入丙二醇甲醚乙酸酯，充分搅拌后降低温度到60～70℃，加入乙二醇单乙醚，300～400r/min搅拌分散4～6min，得预混料；将上述十二烯基丁二酸与虫胶树脂在80～100℃下混合，搅拌均匀后加入上述预混料中，充分搅拌后，加入霍霍巴油，冷却至常温，即得所述成膜助剂。

产品特性 本产品安全环保，耐水、耐盐雾性能强，具有很好的触变性，能够在金属工件表面形成稳定的涂膜，减少流淌，节约用油。

配方93 环保多效防锈油

原料配比

原料	配比(质量份)	原料		配比(质量份)
75SN基础油	70	成膜助剂		14
150SN基础油	18	成膜助剂	古马隆树脂	40
石油磺酸钠	7		植酸	3
山梨醇酐单硬脂酸酯	1		15%的氯化锌溶液	4
石油磺酸钙	7		三乙醇胺油酸皂	0.8
二异丁基氢化铝	0.2		N,N-二甲基甲酰胺	1
次亚磷酸钠	2		三羟甲基丙烷三丙烯酸酯	7
二烷基二硫代磷酸锌	2		120#溶剂油	16
三(2,4-二叔丁基苯基)亚磷酸酯	0.5		乙醇	3
油酸	3			

制备方法

(1) 将上述石油磺酸钠、石油磺酸钙、150SN基础油加入反应釜内，在110～120℃下搅拌混合1～2h；

（2）将75SN基础油、油酸、成膜助剂加入另一反应釜内，在110～120℃下搅拌混合1～2h；

（3）将两反应釜内物料混合，降低温度到60～70℃，加入剩余各原料，脱水，搅拌混合1～2h，在30～35℃下过滤出料。

所述的成膜助剂的制备方法：

（1）将上述植酸与*N*,*N*-二甲基甲酰胺混合，在50～70℃下搅拌3～5min，加入乙醇，混合均匀；

（2）将三羟甲基丙烷三丙烯酸酯与120＃溶剂油混合，在90～100℃下搅拌40～50min，加入古马隆树脂，降低温度到80～85℃，搅拌混合15～20min；

（3）将上述处理后的各原料混合，加入剩余各原料，700～800r/min搅拌分散10～20min，即得所述成膜助剂。

产品应用 本品主要用于各种金属零部件的防锈，能满足铸件、钢、铜、铝等多种金属材料的防锈要求。

产品特性 本产品与车用润滑油相容，不影响润滑油的润滑性能；油膜薄，易清洗，各原料复配合理，安全环保。

配方94 环保无异味防锈油

原料配比

原料	配比(质量份)	原料		配比(质量份)
250SN基础油	80	三苯三酸十三酯		2
肉豆蔻酸钠皂	3	稀土缓蚀液压油	聚环氧琥珀酸	2
硫酸亚锡	0.5		正硅酸四乙酯	5
水杨酸钠	3		磷酸二氢钠	1
蓖麻油酸钙	1.5		十二烷基硫酸钠	0.8
抗氧剂CA	2		氧化铝	0.7
液化石蜡	4		十二烯基丁二酸	15
十二烯基丁二酸	6		液压油	110
二氨基二苯醚	1		去离子水	80
环氧油酸丁酯	4		氢氧化钠	3
十二烷基硫酸钠	0.6		硝酸铈	4
稀土缓蚀液压油	20		斯盘-80	0.5

制备方法

（1）将十二烷基硫酸钠、蓖麻油酸钙、水杨酸钠混合，搅拌均匀后加入液化石蜡中，在60～70℃下搅拌混合5～10min；

（2）将二氨基二苯醚加入250SN基础油中，搅拌均匀后加入十二烯基丁二酸，在100～110℃下保温搅拌20～30min；

（3）将上述处理后的各原料混合，加入反应釜中，充分搅拌均匀，脱水，控制反应釜温度为80～85℃，搅拌混合2～3h；

(4) 将反应釜温度降低到 50～60℃，加入剩余各原料，不断搅拌至常温，过滤出料。

所述的稀土缓蚀液压油的制备方法：

(1) 将磷酸二氢钠与上述去离子水质量的 16%～20%混合，搅拌均匀后加入聚环氧琥珀酸，充分混合，得酸化缓蚀剂；

(2) 取剩余去离子水质量的 40%～50%与十二烷基硫酸钠混合，搅拌均匀，加入正硅酸四乙酯、氧化铝，搅拌条件下滴加氨水，调节 pH 为 7.8～9，搅拌均匀，得硅铝溶胶；

(3) 将十二烯基丁二酸与氢氧化钠混合，搅拌均匀后加入剩余的去离子水中，充分混合，加入硝酸铈，在 60～65℃下保温搅拌 20～30min，得稀土分散液；

(4) 将斯盘-80 加入液压油中，搅拌均匀后加入上述稀土分散液、酸化缓蚀剂、硅铝溶胶，在 80～90℃下保温反应 20～30min，脱水，得所述稀土缓蚀液压油。

产品特性 本产品不含钡和卤素，环保性好，无异味，使用安全可靠，不变质发臭，具有优异的耐候性和稳定性，对基材的保护效果持久。

配方95 环保复合防锈油

原料配比

原料	配比(质量份)	原料		配比(质量份)
乙酸薄荷酯	0.5	油酸		2
500SN 基础油	40	甲基硫醇锡		0.5
双环戊二烯树脂	2	稀土成膜液压油	丙二醇苯醚	15
25#机械油	40		明胶	3
苯乙醇胺	1		甘油	2.1
乙酰化羊毛脂	10		磷酸三甲酚酯	0.4
二聚酸	2		硫酸铝铵	0.4
植物甾醇	2		液压油	110
偏硅酸钠	2		去离子水	105
癸酸甘油三酯	2		氢氧化钠	5
稀土成膜液压油	20		硝酸铈	3
香樟油	2		十二烯基丁二酸	15
环氧硬脂酸辛酯	2		斯盘-80	0.5

制备方法

(1) 将植物甾醇与双环戊二烯树脂混合，在 70～80℃下保温搅拌 5～7min，加入癸酸甘油三酯，搅拌至常温；

(2) 将偏硅酸钠与二聚酸混合，搅拌均匀后加入香樟油、环氧硬脂酸辛酯，在 60～70℃下保温搅拌 10～15min；

（3）将上述处理后的各原料混合，搅拌均匀后加入500SN基础油中，搅拌均匀，加入反应釜中，升高反应釜温度到70～80℃，加入乙酰化羊毛脂、25#机械油，脱水，保温搅拌混合2～3h；

（4）将反应釜温度降低到50～60℃，加入剩余各原料，不断搅拌至常温，过滤出料。

所述的稀土成膜液压油的制备方法：

（1）将磷酸三甲酚酯加入甘油中，搅拌均匀，得醇酯溶液；

（2）将明胶与上述去离子水质量的40%～55%混合，搅拌均匀后加入硫酸铝铵，放入60～70℃的水浴中，加热10～20min，加入上述醇酯溶液，继续加热5～7min，取出冷却至常温，加入丙二醇苯醚，40～60r/min搅拌混合10～20min，得成膜助剂；

（3）将十二烯基丁二酸与氢氧化钠混合，搅拌均匀后加入剩余的去离子水中，充分混合，加入硝酸铈，在60～65℃下保温搅拌20～30min，得稀土分散液；

（4）将斯盘-80加入液压油中，搅拌均匀后加入上述成膜助剂、稀土分散液，在60～70℃下保温反应30～40min，脱水，得所述稀土成膜液压油。

产品特性 本产品油溶性好，无毒，并有优良的耐酸、碱，耐盐雾性能；各原料复配合理，成膜性好，可强烈吸附于金属基体表面，抗湿热性强，涂膜不易破裂。

配方96 环保气相防锈油

原料配比

原料	配比(质量份)		
	1#	2#	3#
矿物油	100	120	110
苯并三氮唑	8	15	12
水杨酸环己胺	6	10	8
失水山梨醇单油酸酯	1	3	2
硬脂酸铝	1	3	2
抗氧剂BHT	0.5	6	3
防霉剂10,10′-氧代双吩砒	0.5	1	0.8
聚二甲基硅氧烷	0.5	1	0.75

制备方法 首先将部分矿物油投入反应釜中，加热至90℃，保温；然后在低于120℃条件下，将少量的矿物油、苯并三氮唑和水杨酸环己胺加热熔化后，再慢慢地加到反应釜中，并不断搅拌；最后加入失水山梨醇单油酸酯、硬脂酸铝、抗氧剂、防霉剂和聚二甲基硅氧烷，在90℃的反应釜中保温搅拌2h，即制成的环保气相防锈油成品。

产品应用 本品主要用作环保气相防锈。

产品特性

(1) 本产品既有接触性防锈的特性，又具有气相防锈的特性，在常温下会自动放出气体，在金属表面形成保护膜，起到抑制金属腐蚀、生锈的作用，对于那些接触不到防锈油的部位，也能有效防锈。

(2) 本产品是无钡防锈剂，并且组分中不含亚硝酸钠等有毒成分，安全环保。

(3) 本产品的制备方法简单，易于推广应用，对多种金属具有良好的气相防锈效果。

配方97 环保防锈油

原料配比

原料	配比(质量份)	原料		配比(质量份)
0#轻柴油	45	成膜助剂	氯丁橡胶CR121	60
100#机械油	40		EVA树脂(VA含量28%)	30
羊毛脂	5		二甲苯	40
环烷酸锌	5		聚乙烯醇	10
异丁醇	4		羟乙基亚乙基双硬脂酰胺	1
己二酸二辛酯	4		2-正辛基-4-异噻唑啉-3-酮	4
六次甲基四胺	3		甲基苯并三氮唑	3
烷基二苯胺	3		甲基三乙氧基硅烷	2
烷基酚聚氧乙烯醚磷酸酯	5		十二烷基聚氧乙烯醚	3
成膜助剂	4		过氧化二异丙苯	2
癸酸	2		2,5-二甲基-2,5-二(叔丁基过氧化)己烷	0.8
二烷基二硫代磷酸锌	4			
纳米硅藻土	0.8			

制备方法

(1) 将上述0#轻柴油、100#机械油加入反应釜中，搅拌，加热到110～120℃；

(2) 加入上述羊毛脂，加热搅拌使其溶解；

(3) 加入上述环烷酸锌、异丁醇、烷基酚聚氧乙烯醚磷酸酯、二烷基二硫代磷酸锌，连续脱水1～1.5h，降温至55～60℃；

(4) 加入上述烷基二苯胺、己二酸二辛酯，在55～60℃下保温搅拌3～4h；

(5) 加入剩余各原料，充分搅拌，降低温度至35～38℃，过滤出料。

所述的成膜助剂的制备包括以下步骤：

(1) 将上述氯丁橡胶CR121加入密炼机内，在70～80℃下单独塑炼10～20min，然后出料冷却至常温；

(2) 将上述EVA树脂、羟乙基亚乙基双硬脂酰胺、2-正辛基-4-异噻唑啉-3-酮、甲基苯并三氮唑、十二烷基聚氧乙烯醚混合，在90～100℃下反应1～2h，加入上述塑炼后的氯丁橡胶，降低温度到80～90℃，继续反应40～50min，再加入剩余各原料，在60～70℃下反应4～5h。

产品特性 本产品不易变色，不易氧化，不影响工件的外观，综合性能优异，具有高的耐盐雾性、耐湿热性、耐老化性等，可清洗性能好；加入的成膜助剂改善了油膜的表面张力，使得喷涂均匀，在金属工件表面铺展性能好，形成的油膜均匀稳定，提高了对金属的保护作用。

配方98 环保型防锈油

原料配比

原料	配比(质量份)		
	1#	2#	3#
75SN基础油	45	52.5	60
100SN基础油	15	17.5	20
石油磺酸钠	5	8	10
聚乙烯醇	5	6	8
纳米陶瓷粉	1	5	8
醇酯十二	1	2	3
抗氧剂168	0.5	0.8	2
十二烷基硫酸钠	0.1	0.8	1.2
二烷基二硫代磷酸锌	1	1.5	2.5
金属皂	0.1	0.6	1

制备方法 将各组分原料混合均匀即可。

产品特性 本产品能够满足各种金属零部件的防锈要求，耐腐蚀性强，效果优异，使用寿命长，环保健康。

配方99 环保型金属防锈油

原料配比

原料		配比(质量份)				
		1#	2#	3#	4#	5#
基础油	中性矿物油	86.5	87.0	86.5	—	—
	中性矿物油和变压器油	—	—	—	85.5	86.5
无钡防锈剂	二壬基萘磺酸钙	5	5	5	5	5
	石油磺酸钠		5	5	5	5
	氧化蜡钙皂	5	—	—	—	—
触变剂	氢化蓖麻油	1	—	—	—	—
	双硬脂酸铝	—	0.5	—	—	—
	蜡	—	—	1	1	1

原料		配比(质量份)				
		1#	2#	3#	4#	5#
助剂	咪唑啉	2	—	—	—	2
	烷基酚聚氧乙烯醚	—	2	2	—	—
	斯盘-80	—	—	—	3	—
抗氧剂	2,6-二叔丁基-4-甲酚	0.5	0.5	0.5	0.5	0.5

制备方法 将基础油投入反应釜中加热搅拌，投入无钡防锈剂，搅拌加热到100～120℃，脱水，冷却至80℃以下时加入触变剂、助剂、抗氧剂，充分搅拌后过滤即得成品。

产品特性 本产品防锈性能优异，可清洗性能优良，并具有一定的润滑性，使用时不再加润滑剂也可满足一定的压延操作。优良的触变性使其在金属表面能形成稳定的油膜，减少流淌，节约用油，改善操作环境，并且环保。

配方100 环保型静电喷涂防锈油

原料配比

原料		配比(质量份)				
		1#	2#	3#	4#	5#
基础油	0#变压器油	75	—	—	—	—
	7#白油	—	20	—	—	—
	25#变压器油	—	60	—	—	32
	15#白油	—	—	85	78	45
防锈剂	羊毛脂钙皂	4	2	1	2	4
	羊毛酸甘油酯	—	4	—	4	—
	羊毛酸季戊四醇酯	—	—	4	—	2
	氧化石油烃蜡钙盐	13	7	4	6	5
	烯基丁二酸	2	—	—	—	3
	N-油酰肌氨酸	—	2	—	—	3
	十七烯基咪唑啉烯基丁二酸盐	—	—	1	2	—
	苯并三氮唑	1	1.5	—	2	1
表面活性剂	失水山梨醇单油酸酯	4	—	3.5	—	3.5
	辛醇聚氧乙烯醚	—	3	—		—
	月桂醇聚氧乙烯醚	—	—	—	4	—
抗氧剂	2,6-二叔丁基对甲酚	1	0.5	1.5	2	1.5

制备方法 将基础油、防锈剂、表面活性剂及抗氧剂混合，加热到90～110℃，搅拌1～5h，得所述的环保型静电喷涂防锈油。

产品特性

(1) 本产品具有较高的击穿电压，安全性好，容易雾化，黏度低，清洗方便，可满足防锈性能要求，又符合环保要求。

(2) 本产品黏度较低，具有良好的流动性，便于静电涂油时油滴雾化，减少油品损耗；闪点均高于 150℃，击穿电压较高，兼顾了使用过程中的安全性问题；抗湿热、抗盐雾腐蚀能力强，有利于金属板材的封存防锈和海上运输；易于清洗，便于后续处理；不含重金属钡离子，对人体和环境影响小，有利于保护环境。

配方101 环保型汽车零部件防锈油

原料配比

原料		配比(质量份)							
		1#	2#	3#	4#	5#	6#	7#	8#
硬膜防锈油	叔丁酚甲醛树脂	15	25	—	—	—	—	—	—
	磺酸钠	4	5	—	—	—	—	—	—
	中性二壬基萘磺酸钡	10	12	—	—	—	—	—	—
	羊毛脂	10	7	—	—	—	—	—	—
	苯并三氮唑	0.5	0.6	—	—	—	—	—	—
	十二烯基丁二酸酯	5	8	—	—	—	—	—	—
	基础油(200#溶剂油 80%,地蜡 20%)	加至100	加至100	—	—	—	—	—	—
软膜防锈油	氧化石油脂钡皂	—	—	15	12	16	—	—	—
	二壬基萘磺酸钡	—	—	6	8	7	—	—	—
	苯并三氮唑	—	—	0.3	0.1	0.2	—	—	—
	十二烯基丁二酸	—	—	6	4	7	—	—	—
	2,6-二叔丁基对甲酚	—	—	5	3	4	—	—	—
	噻二唑衍生物	—	—	0.5	0.3	1	—	—	—
	46#全损耗油	—	—	8	5	6.5	—	—	—
	地蜡	—	—	5	3	4	—	—	—
	基础油(200#溶剂油 60%、120#溶剂油 40%)	—	—	加至100	加至100	加至100	—	—	—
水稀释型防锈油	石油磺酸钠	—	—	—	—	—	6	8	7
	二壬基萘磺酸钡	—	—	—	—	—	6	8	7
	环烷酸钠	—	—	—	—	—	5	4	6
	十二烯基丁二酸	—	—	—	—	—	2	1.5	1.8
	羊毛脂	—	—	—	—	—	10	8.5	11
	苯并三氮唑	—	—	—	—	—	2	1.5	1.8
	皂用酸十八胺	—	—	—	—	—	8	6	7
	三乙醇胺	—	—	—	—	—	13	10	12
	油酸	—	—	—	—	—	2	3	2
	斯盘-80	—	—	—	—	—	5	4	4.5
	基础油(22#全损耗油和低黏度酯类各 50%)	—	—	—	—	—	加至100	加至100	加至100

制备方法 将各组分原料混合均匀即可。

产品特性

(1) 针对汽车零部件的不同工况选用不同的成膜剂，采用不同的配方，以基础油作为载体，使防锈剂在基础油中均匀分散，使吸附膜更紧密，从而更好地保护了金属制的汽车零部件。

(2) 硬膜防锈油特点：溶剂挥发后，形成一层干燥而生硬的固态膜，用于室外长期存放的待加工零件和大型加工件。

(3) 软膜防锈油特点：用于汽车零部件在室内较长时间存放和装配出库存放，还可用于防人手汗。

(4) 水稀释型防锈油是在合适黏度的矿物基础油（或是可降解、性能突出的合成油、低黏度聚酯类）中加入适量的复合防锈剂和抗氧化剂等配制成的防锈油。根据不同用途和要求，在使用前按不同比例用水稀释（水的质量分数为10%～40%），使油水不相容的两相成为有一定防锈性的水包油（O/W）乳化油。涂了本类型防锈油的零部件在使用前不必清洗即可直接安装使用。配制水稀释型防锈油的工艺较溶剂稀释型防锈油严格。对基础油、防锈剂、乳化剂等原料、用量、配制工艺都有较高要求，若其中一种原料、用量不妥或工艺不对，用水稀释时会因油水不相容或部分相容造成油分层，影响使用性能。因此水稀释型防锈油不仅要具有防锈性，而且还必须具备较好的物理化学性能。

配方102 环保型长效封存防锈油

原料配比

原料		配比(质量份)		
		1#	2#	3#
防锈复合剂	棕榈酸	2.5	5	5
	石油磺酸	5	5	5
	氢氧化钙	0.7	1.1	1.1
运动黏度在5～100mm²/s的石蜡基油		30	20	30
乙丙胶		1	1	1
癸二酸二辛酯		0.1	0.1	0.1
氢化蓖麻油		1	0.5	1
防锈复合剂		1	3	2.5
氧化石蜡钙皂		4	6	4
石油磺酸钙		5	5	2
溶剂油		60	70	60

制备方法

(1) 将运动黏度在5～100mm²/s的石蜡基油加入调和器，升温至90～110℃；

(2) 加入乙丙胶、癸二酸二辛酯和氢化蓖麻油，搅拌20～40min；

（3）加入防锈复合剂、氧化石蜡钙皂和石油磺酸钙，搅拌20～40min；

（4）降温至40℃，加入溶剂油，搅拌20～40min，即得薄型长效封存防锈油。

产品应用 本品主要用于多种材质的钢铁等金属制品的长期封存防锈。

产品特性

（1）本产品具有优异的抗盐雾、防潮湿性能，具有出色的水分离性能，不含金属钡及其他重金属，使用更安全。

（2）本产品具有良好的渗透性、润湿性、触变性、涂覆性，抗污染能力强，涂覆在工件表面产生的油膜薄，耗油量少，且易除膜，适用于多种材质的钢铁等金属制品的长期封存防锈。

（3）本产品膜层划伤受损后能自动修复，防护性能好，防护周期长，且适合多种金属材质。

（4）本产品膜层为软质膜，重叠的零件不会粘连，膜层易于清除；分水性能好，抗乳化性好。

（5）本产品的制备方法简单、操作方便，有利于生产效率的提高和时间成本的降低。

配方103 环保型长效铸铁件防锈油

原料配比

原料		配比(质量份)			
		1#	2#	3#	4#
油溶性缓蚀剂	石油磺酸钙	3	—	5	—
	磺化羊毛脂钙皂	—	4	—	1
	环烷酸锌	1	2	0.5	3
	十六烷基丁二酸半甲酯	—	0.2	1	—
	N-油酰肌氨酸-2-氨乙基十七烯基咪唑啉	—	2	2	3
	十六烯基丁二酐乙醇胺	—	0.3	—	—
防锈复合剂		6	8	11	7
成膜剂	工业凡士林	—	2.5	—	—
	酚醛树脂	0.5	—	2	1.5
	聚异丁烯树脂	2.5	—	—	1
抗氧剂	2,6-二叔丁基对甲酚	—	0.5	0.2	—
	对苯二酚	0.3	—	—	0.3
甲基硅油		0.1	0.2	0.1	0.1
精制矿物基础油	10#机械油	30	—	30	30
	无味煤油	—	40	—	—
	100SN	56.6	—	—	—
	150SN	—	40.3	—	—
	60SN	—	—	52.7	—
	75SN	—	—	—	53.1

续表

原料		配比(质量份)			
		1#	2#	3#	4#
防锈复合剂	氧化石蜡钙皂	60	85	80	70
	氧化石油酯	25	10	20	25
	20#机械油	15	5	—	5

制备方法 将各组分原料混合均匀即可。

产品特性

(1) 本产品对易于发生电化学锈蚀的铸铁件具有优异的防锈性能，油膜的黏附性好，可以长期在金属表面形成一层良好的保护膜，防锈周期长。

(2) 本产品性能稳定，长期放置不易形成沉淀，工件表面的油膜随着时间的增长不易形成黄变胶斑，不会影响涂油工件外观，不会使配件粘连。

(3) 本产品不含金属钡，使用安全环保。

(4) 本产品对铜、铝、锌也有良好的缓蚀性能。

配方104 环保型轴承防锈油

原料配比

原料	配比(质量份)		
	1#	2#	3#
低碱值石油磺酸钙	2	4	4
高碱值石油磺酸钙	2	3	3
氧化石蜡钙皂	1	6	6
油酰肌氨酸牛脂胺盐	0.1	1	3
乙丙胶	1	2	1
萜烯树脂	1	1	2
癸二酸二辛酯	1	1	1
10#机械油	加至100	加至100	加至100

制备方法 将各组分原料混合均匀即可。

产品应用 本品是一种环保型轴承防锈油组合物。

产品特性

(1) 本产品具有良好的人汗防锈性能，抗污染、防腐蚀性能好。

(2) 本产品不含金属钡及其他重金属，不含挥发性烃类化合物，环保性能好，使用安全。

(3) 本产品膜层的防护性能好，防护周期长，特别是对高碳轴承钢材质以及轴承钢/铜合金轴承组合件具有优异的抗湿热及抗盐雾性能。

配方105 环保制冷设备用防锈油

原料配比

原料	配比(质量份)			原料	配比(质量份)		
	1#	2#	3#		1#	2#	3#
航空煤油	50	80	100	二壬基萘磺酸钡	10	15	20
环烷烃	10	20	25	十二烯基丁二酸	11	17	22
脱芳溶剂油	8	13	16	烯基丁二酸酯	4	10	16
环烷酸盐	5	10	15	邻苯二甲酸二丁酯	3	6	9
环烷酸锌	15	17	20	异丁醇	7	11	14
氢化蓖麻油	3	6	9	石油磺酸钠	21	15	28
硫代磷烷基酚锌	4	8	12	邻苯二甲酸二丁酯	7	11	14

制备方法 将各组分原料混合均匀即可。

产品特性

(1) 本产品低温下稳定性好，防锈效果好；具有优异的耐湿热性能和良好的耐盐雾等防锈性能；具有较高的击穿电压，可用于静电喷涂。

(2) 本产品对于铸铁和铜等都有极好的防锈效果，工件防腐封存时间达3年以上。更重要的是，封存过程中防锈油不易变色，不易氧化，且去封存简单方便，用棉纱蘸少许煤油或汽油即可擦去封存防锈油，不影响工件的外观，综合性能优良。

配方106 环境友好型除指纹防锈油

原料配比

原料	配比(质量份)			
	1#	2#	3#	4#
石油磺酸钙	1	2	4	2
氧化石油烃钙皂	10	6	15	8
N-油酰肌氨酸十八胺盐	1	2	0.5	2
丙三醇	2	2.5	2	3
癸二酸二辛酯	1.5	2.5	1	1
棕榈酸甘油酯	0.5	3	0.5	1
聚丁烯基丁二酸亚胺	2	2	1	2
斯盘-80	1	1	1	1
水	3	5	1	5

原料		配比(质量份)			
		1#	2#	3#	4#
精制矿物油	500SN	30	—	—	—
	250SN	—	20	—	—
	150SN	—	—	25	—
	100SN	—	—	—	30
脱芳烃溶剂油	D40	48	—	—	—
	D110	—	64	—	—
	D80	—	—	49	—
	D60	—	—	—	45

制备方法 将各组分原料混合均匀即可。

产品应用 本品主要用于室内周转半年左右的金属制品中期防锈，在后续封存防锈措施的配合作用下，也可应用于一年以上的长期封存防锈。

产品特性

(1) 本产品不含钡类防锈剂、不含邻苯二甲酸酯、不含芳烃等有毒、有害的化合物，环保，使用安全。

(2) 本产品具有优异的除指纹功能和抗指纹功能，可以有效地将工件在涂油前印染的指纹剥离、清除，也可以对工件在涂油后印染的指纹进行有效的隔离；具有优异的稳定性，产品的除指纹功能及抗指纹功能不会随着存放时间的延长而丧失。

(3) 本产品在潮湿和盐雾环境中具有良好的防锈能力，可以满足沿海地区湿热、盐雾等苛刻环境中的应用需求。

配方107 挥发性溶剂型防锈油

原料配比

原料		配比(质量份)		原料	配比(质量份)	
		1#	2#		1#	2#
石油防锈剂	石油磺酸钠	7	4	邻苯二甲酸二异丁酯	1	1
	石油磺酸钡	—	2	长碳链烷醇酰胺	1	0.6
	氧化石油钡皂	6.2	4	高碳氧化脂肪酸酯	1.4	1
	二壬基萘磺酸钡	3.2	2.5	矿物基础油	5	4
十二烯基丁二酸酯		3	2.2	溶剂油	72	78.5
苯三唑		0.2	0.2			

制备方法 将矿物基础油加入釜内，升温至80～90℃，加入石油防锈剂，待其完全溶解后，在搅拌的条件下，依次加入十二烯基丁二酸酯、苯三唑、邻苯二甲酸二异丁酯、长碳链烷醇酰胺和高碳氧化脂肪酸酯，搅拌1～2h，使各组分完全溶解，停止搅拌，降温至60℃以下，加入溶剂油，继续搅拌，完全混合均匀后，停止搅拌，过滤，分装即可。

原料介绍 所述的长碳链烷醇酰胺是一种油性防锈功能剂NEUF182。

所述的高碳氧化脂肪酸酯是一种浅色的、黏附性好、抗磨性高的氧化酯MAXR23。

所述的矿物基础油选自75SN矿物基础油、100SN矿物基础油和150SN矿物基础油中的一种或几种。

所述的溶剂油选自120#溶剂油或200#溶剂油。

产品应用 本品是一种挥发性溶剂型防锈油，适用于钢件或合金钢件的长期封存存放。

产品特性 利用长碳链烷醇酰胺具有的使其他防锈缓蚀剂在金属表面充分分散，让各种防锈缓蚀剂在金属表面很好地吸附和自身的酰氨键能在金属表面形成致密吸附层的特性，以及高碳氧化脂肪酸酯的高黏附性，将各种缓蚀剂牢牢地固定在金属表面，从而有效地阻止了腐蚀介质浸入金属表面，明显提高了防锈油的抗盐雾性能。本产品性能稳定，抗盐雾性能高，防锈性能优异。

配方108 极压抗磨防锈油

原料配比

原料	配比(质量份)	原料		配比(质量份)
氨三乙酸三钠	2	抗剥离机械油		6
八角茴香油	2	抗剥离机械油	聚乙二醇单甲醚	2
亚硝酸钠	0.6		2,6-二叔丁基-4-甲基苯酚	0.2
邻苯二甲酸酯	3		松香	6
芳樟醇	1		聚氨酯丙烯酸酯	1
聚甘油脂肪酸酯	2		斯盘-80	3
柠檬酸钾	0.4		硝酸镧	3～4
邻苯二甲酸酐	0.4		机械油	100
环烷酸锂	0.6		磷酸二氢锌	10
蓖麻籽油聚氧乙烯醚	0.4		28%氨水	50
石油磺酸钠	4		去离子水	30
N68#机械油	70		硅烷偶联剂 KH560	0.2
T321 硫化异丁烯	4			

制备方法

(1) 将亚硝酸钠、柠檬酸钾与芳樟醇混合，搅拌均匀，加入八角茴香油，在40～50℃下搅拌混合6～10min；

(2) 将氨三乙酸三钠与邻苯二甲酸酯混合，在60～70℃下保温搅拌4～10min；

(3) 将上述处理后的原料混合，搅拌均匀后加入蓖麻籽油聚氧乙烯醚、N68#机械油，100～150r/min 搅拌分散20～30min，加入反应釜中，在100～120℃下搅拌混合20～30min，加入聚甘油脂肪酸酯，降低温度到80～90℃，脱水，搅拌混合2～3h；

(4) 将反应釜温度降低到50～60℃，加入剩余各原料，不断搅拌至常温，过滤出料。

所述的抗剥离机械油的制备方法：

(1) 将聚乙二醇单甲醚与2,6-二叔丁基-4-甲基苯酚混合加入去离子水中，搅拌均匀，得聚醚分散液；

(2) 将松香与聚氨酯丙烯酸酯混合，在75～80℃下搅拌10～15min，得酯化松香；

(3) 将磷酸二氢锌加入28%氨水中，搅拌混合6～10min，加入混合均匀的硝酸镧与硅烷偶联剂 KH560 的混合物，搅拌均匀，得稀土氨液；

(4) 将斯盘-80加入机械油中，搅拌均匀后依次加入上述酯化松香、稀土氨液、聚醚分散液，在100～120℃下保温反应20～30min，脱水，即得所述抗剥离机械油。

产品特性 本产品中加入了T321硫化异丁烯，具有很好的抗磨性能，可以满足运动轴承等金属工件的防锈；表面抗性高，润滑性好，与基材的黏附力强，抗剥离强度高。

配方109 金属表面用耐腐蚀防锈油

原料配比

原料	配比(质量份)					
	1#	2#	3#	4#	5#	6#
乙氧基化甲基葡萄糖二硬脂酸酯	1	5	2	4	3	4
硬脂酸锌	4	18	5	16	7	14
薰衣草精油	1	3	1	2	1	2
六甲氧甲基三聚氰胺树脂	8	21	10	20	12	18
椰子油脂肪酸二乙醇酰胺	6	14	8	12	9	11
乙酸异丁酸蔗糖酯	2	6	3	5	4	5
鲸蜡硬脂醇硫酸酯钠	2	8	4	7	5	6
橄榄油	2	7	3	6	4	5
乙醇	20	30	22	28	24	26

制备方法 依次将乙氧基化甲基葡萄糖二硬脂酸酯、硬脂酸锌加入乙醇中，搅拌均匀，再加入薰衣草精油，升温至40～50℃，依次加入六甲氧甲基三聚氰胺树脂、椰子油脂肪酸二乙醇酰胺、乙酸异丁酸蔗糖酯、鲸蜡硬脂醇硫酸酯钠和橄榄油，搅拌均匀，升温至60～70℃，搅拌1～3h，待自然冷却，即得所述金属表面用耐腐蚀防锈油。所述搅拌的速度为100～200r/min。

产品特性

(1) 本产品具有优良的防锈效果，可保持金属制品表面长期具有光泽。

(2) 本产品在零下30℃仍具有良好的防锈性能，且可长时间防锈。

(3) 本产品制备方法简单，适于大范围推广应用。

配方110 金属防腐防锈油

原料配比

原料	配比(质量份)	原料		配比(质量份)
氨基三乙酸	2	稀土缓蚀液压油		20
500SN基础油	60	稀土缓蚀液压油	聚环氧琥珀酸	3
煤油	15		正硅酸四乙酯	5
乙二胺四乙酸铜二钠盐	3		磷酸二氢钠	2
脂肪醇聚氧乙烯醚硫酸铵	1		十二烷基硫酸钠	0.8
戊二酸二甲酯	3		氧化铝	0.7
油酸异丁酯	1		十二烯基丁二酸	15
羊毛脂	2		液压油	110
柠檬酸钾	0.8		去离子水	80
异构十三醇聚氧乙烯醚	0.1		氢氧化钠	5
二烷基对二苯酚	0.4		硝酸铈	3
磷酸氢二铵	2		斯盘-80	0.5

制备方法

（1）将羊毛脂与油酸异丁酯混合，在50～60℃下保温搅拌6～10min，加入煤油中，加入异构十三醇聚氧乙烯醚，搅拌混合20～30min；

（2）将氨基三乙酸、柠檬酸钾混合，搅拌均匀后加入戊二酸二甲酯、磷酸氢二铵，在70～80℃下保温搅拌10～20min；

（3）将上述处理后的各原料混合，加入反应釜中，充分搅拌均匀，加入500SN基础油，搅拌混合20～30min，脱水，控制反应釜温度为80～85℃，搅拌混合2～3h；

（4）将反应釜温度降低到50～60℃，加入剩余各原料，不断搅拌至常温，过滤出料。

所述的稀土缓蚀液压油的制备方法：

（1）将磷酸二氢钠与上述去离子水质量的16%～20%混合，搅拌均匀后加入聚环氧琥珀酸，充分混合，得酸化缓蚀剂；

（2）取剩余去离子水质量的40%～50%与十二烷基硫酸钠混合，搅拌均匀，加入正硅酸四乙酯、氧化铝，搅拌条件下滴加氨水，调节pH为7.8～9，搅拌均匀，得硅铝溶胶；

（3）将十二烯基丁二酸与氢氧化钠混合，搅拌均匀后加入剩余的去离子水中，充分混合，加入硝酸铈，在60～65℃下保温搅拌20～30min，得稀土分散液；

（4）将斯盘-80加入液压油中，搅拌均匀后加入上述稀土分散液、酸化缓蚀剂、硅铝溶胶，在80～90℃下保温反应20～30min，脱水，即得所述稀土缓蚀液压油。

产品特性 本产品具有低耗能、低排放、无环境污染、稳定性好、防护性好、附着力强、防腐蚀性能好、物理性能好、使用方便的特点。

配方111 金属工件用脱水防锈油

原料配比

原料	配比(质量份)	原料	配比(质量份)
轻柴油	50	2-氨乙基十七烯基咪唑啉	1
32#机械油	50	十二烯基丁二酸	3
中性二壬基萘磺酸钡	4	十二碳醇酯	2
丙酮	1	聚异丁烯	1
凡士林	3	椰子油	1
六甲氧甲基三聚氰胺树脂	2	异构十三醇聚氧乙烯醚	0.2
二甲基二巯基乙酸异辛酯锡	1	蓖麻油酸	1
双硬脂酸铝	2		

制备方法 将上述十二烯基丁二酸与聚异丁烯混合，在80～90℃下搅拌反应10～15min，加入椰子油、凡士林，升高温度至90～100℃，保温反应1～2h，

加入十二碳醇酯、异构十三醇聚氧乙烯醚，降低至常温，200～300r/min 搅拌分散 6～8min，得成膜助剂；将上述轻柴油、32 # 机械油混合加热到 130～150℃，加入中性二壬基萘磺酸钡、六甲氧甲基三聚氰胺树脂，脱水，充分搅拌至温度为 60～65℃时，加入上述成膜助剂，搅拌反应 10～15min，加入剩余各原料，搅拌至常温，过滤装桶包装，即得所述金属工件用脱水防锈油。

产品特性 本产品无毒、环保，抗湿热、抗腐蚀性强，耐候性强，加入的成膜助剂有效地改善了成膜效果，使得涂膜稳定，防锈时间长，保护效果好。

配方112 金属管道防锈油

原料配比

原料	配比(质量份)	原料		配比(质量份)
稀土防锈液压油	20	烯丙基硫脲		0.4
20 # 机械油	80	稀土防锈液压油	*N*-乙烯基吡咯烷酮	3
四氯对苯二甲酸二甲酯	3		尼龙酸甲酯	2
沥青	3		斯盘-80	0.7
N,*N*-二(2-氰乙基)甲酰胺	2		十二烯基丁二酸	16
硬脂酸聚氧乙烯酯	2		液压油	110
失水山梨醇脂肪酸酯	1		三烯丙基异氰尿酸酯	0.5
甲基苯并三氮唑	1		去离子水	70
环烷酸锌	0.5		过硫酸钾	0.6
五氯酚钠	3		氢氧化钠	3
硫酸亚锡	0.3		硝酸铈	4

制备方法

(1) 将上述失水山梨醇脂肪酸酯加入 20 # 机械油中，在 70～80℃下预热混合 4～10min；

(2) 将硬脂酸聚氧乙烯酯与沥青混合，在 50～60℃下搅拌 10～20min，加入硫酸亚锡、甲基苯并三氮唑，搅拌至常温；

(3) 将上述处理后的各原料混合，送入反应釜，充分搅拌均匀，脱水，在 80～85℃下搅拌混合 2～3h；

(4) 将反应釜温度降低到 50～60℃，加入剩余各原料，不断搅拌至常温，过滤出料。

所述的稀土防锈液压油的制备方法：

(1) 将 *N*-乙烯基吡咯烷酮与尼龙酸甲酯混合，在 50～60℃下搅拌 3～10min，得酯化烷酮；

(2) 取上述斯盘-80 质量的 70%～80%、去离子水质量的 30%～50%混合，搅拌均匀后加入酯化烷酮、三烯丙基异氰尿酸酯、上述过硫酸钾质量的 60%～70%，搅拌均匀，得烷酮分散液；

(3) 将十二烯基丁二酸与氢氧化钠混合，搅拌均匀后加入剩余的去离子水中，充分混合，加入硝酸铈，在 60～65℃下保温搅拌 20～30min，得稀土分散液；

(4) 将剩余的斯盘-80、过硫酸钾混合加入液压油中，搅拌均匀后加入上述烷酮分散液、稀土分散液，在 70～80℃下保温反应 3～4h，脱水，即得所述稀土防锈液压油。

产品特性 本产品能保护表面不受水分、化学品、空气及其他腐蚀品侵害，防锈性好，主要用于石油工业的金属管道，耐腐蚀性强，降低了漏油、漏气、漏水等事故的发生率。

配方113 金属加工成型用防锈油

原料配比

原料	配比(质量份)	原料		配比(质量份)
硫化烯烃棉籽油 T405	2	稀土缓蚀液压油		10
硬脂酰乳酸钙	3	稀土缓蚀液压油	聚环氧琥珀酸	3
二丙酮醇	2		正硅酸四乙酯	3～5
400SN 基础油	80		磷酸二氢钠	1
聚甘油脂肪酸酯	2		十二烷基硫酸钠	0.8
碳酸乙烯酯	4		氧化铝	0.7
羊毛脂	6		十二烯基丁二酸	15
环氧酸镁	2		液压油	110
脂肪醇聚氧乙烯醚	2		去离子水	70～80
二乙酸钠	1		氢氧化钠	5
6-叔丁基邻甲酚	1		硝酸铈	3
苯乙醇胺	1		斯盘-80	0.5
偏苯三酸三己酯	3			

制备方法

(1) 将硬脂酰乳酸钙与碳酸乙烯酯混合，在 40～60℃下保温混合 5～10min，加入上述 400SN 基础油质量 20%～30%，在 80～90℃下搅拌 20～30min；

(2) 将羊毛脂、二丙酮醇混合，在 60～70℃下搅拌 20～30min，加入苯乙醇胺，搅拌混合至常温；

(3) 将二乙酸钠、环氧酸镁混合，搅拌均匀后加入偏苯三酸三己酯，在60～70℃下搅拌混合 10～15min；

(4) 将上述处理后的各原料混合，送入反应釜，加入剩余的 400SN 基础油，充分搅拌均匀，脱水，在 80～85℃下搅拌混合 2～3h；

(5) 将反应釜温度降低到 50～60℃，加入剩余各原料，不断搅拌至常温，过滤出料。

所述的稀土缓蚀液压油的制备方法：

（1）将磷酸二氢钠与上述去离子水质量的16%～20%混合，搅拌均匀后加入聚环氧琥珀酸，充分混合，得酸化缓蚀剂；

（2）取剩余去离子水质量的40%～50%与十二烷基硫酸钠混合，搅拌均匀，加入正硅酸四乙酯、氧化铝，搅拌条件下滴加氨水，调节pH为7.8～9，搅拌均匀，得硅铝溶胶；

（3）将十二烯基丁二酸与氢氧化钠混合，搅拌均匀后加入剩余的去离子水中，充分混合，加入硝酸铈，在60～65℃下保温搅拌20～30min，得稀土分散液；

（4）将斯盘-80加入液压油中，搅拌均匀后加入上述稀土分散液、酸化缓蚀剂、硅铝溶胶，在80～90℃下保温反应20～30min，脱水，即得所述稀土缓蚀液压油。

产品特性 本产品具有良好的成膜性，可以降低加工时低摩擦力对力与动力的需求，并可使金属变形均匀，残留在金属表面的残渣对后续工序如回火、焊接或涂漆无害，且易于除去。

配方114 金属加工用防锈油

原料配比

<table>
<tr><th>原料</th><th>配比（质量份）</th><th colspan="2">原料</th><th>配比（质量份）</th></tr>
<tr><td>N32＃机械油</td><td>40</td><td colspan="2">四-[β-(3,5-二叔丁基-4-羟基苯基)丙酸]季戊四醇酯</td><td>0.3</td></tr>
<tr><td>润滑油N15</td><td>20</td><td colspan="2">成膜助剂</td><td>3</td></tr>
<tr><td>石油磺酸钠T702</td><td>15</td><td rowspan="6">成膜助剂</td><td>干性油醇酸树脂</td><td>40</td></tr>
<tr><td>羊毛脂镁皂</td><td>2</td><td>六甲氧甲基三聚氰胺树脂</td><td>2</td></tr>
<tr><td>环烷酸锌</td><td>2</td><td>桂皮油</td><td>1</td></tr>
<tr><td>三聚氰酸三烯丙酯</td><td>1</td><td>聚乙烯吡咯烷酮</td><td>1</td></tr>
<tr><td>油酸</td><td>2</td><td>N-苯基-2-萘胺</td><td>0.3</td></tr>
<tr><td></td><td></td><td>甲基三乙氧基硅烷</td><td>0.2</td></tr>
</table>

制备方法 将上述油酸与N32＃机械油、润滑油N15混合加入釜内，升温至100～110℃，再加入石油磺酸钠T702、羊毛脂镁皂、环烷酸锌，充分搅拌后，加入剩余各原料，搅拌2～3h，过滤，即得所述防锈油组合物。本产品用溶剂油稀释后即可使用。

所述的成膜助剂的制备方法：将上述干性油醇酸树脂与桂皮油混合，在90～100℃下保温搅拌6～8min，降低温度到55～65℃，加入六甲氧甲基三聚氰胺树脂，充分搅拌后加入甲基三乙氧基硅烷，200～300r/min搅拌分散10～15min，升高温度到130～135℃，加入剩余各原料，保温反应1～3h，冷却至常温，即得所述成膜助剂。

产品应用 本品主要用于金属加工中防锈。

产品特性 本产品采用多种缓蚀剂复配成膜助剂，其防锈性能远远优于传统防锈油，具有良好的抗潮湿防锈功能，抗盐雾性强，抗高、低温性强。

配方115 金属加工中使用的防锈油

原料配比

原料		配比(质量份)				
		1#	2#	3#	4#	5#
基础油	润滑油 75SN	30	—	—	—	—
	润滑油 150SN	—	32	—	—	—
	润滑油 350SN	—	—	40	—	34
	润滑油 N15	—	—	—	36	—
石油磺酸盐	石油磺酸钡 T701	104	—	—	84	—
	石油磺酸钠 T702	—	102	—	—	86
	石油磺酸钙 T101	—	—	75	—	—
高分子羧酸及皂类	氧化石油酯钡皂 T743	52	—	—	—	70
	烯基丁二酸酯 T747	—	9	—	—	9.4
	羊毛脂镁皂	—	56.6	—	—	—
	羊毛脂铝皂	—	—	70	68	—
酯类	山梨醇单油酸酯斯盘-80	13	—	—	11.2	—
	丙三醇硼酸酯脂肪酸酯	—	—	14	—	—
苯并三氮唑及其衍生物	甲基苯并三氮唑	—	0.4	—	0.8	—
	苯并三氮唑 T706	1	—	—	—	0.6
	乙基苯并三氮唑	—	—	1	—	—

制备方法 将基础油加入釜内，升温至80～110℃，再加入石油磺酸盐、高分子羧酸及皂类，待其溶解后，加入酯类、苯并三氮唑及其衍生物，搅拌2～3h，过滤，即得防锈油组合物。

产品应用 本品是一种金属加工中使用的防锈油组合物。

取上述组合物2%～17%用120#溶剂油稀释至100%，即可使用。

产品特性 本产品具有优异的抗潮湿防锈功能，防锈试验可达720h，盐雾试验可达188h；具有优异的抗盐水侵蚀性，水置换性，酸中和及汗液控制能力，同时，又具有膜薄均匀、透明美观及调和工艺简单、成本较低的特点，可以满足人汗置换及工序短期封存的除指纹型的防锈功能，又达到了加工精度较高的金属制品的室内长期封存的稀释型软膜防锈油性能，达到了薄膜、多效、环保防锈油复合添加剂的质量要求。

配方116 金属零件用烷基化防锈油

原料配比

原料	配比(质量份)	原料		配比(质量份)
赤藓糖醇	0.8	甘油		3
400SN 基础油	80	稀土缓蚀液压油	聚环氧琥珀酸	2
油酸聚氧乙烯酯	4		正硅酸四乙酯	3
石蜡	5		磷酸二氢钠	2
二甲基丙基甲烷	1		十二烷基硫酸钠	0.8
苯并三氮唑	2		氧化铝	0.7
二烷基二硫代磷酸锌	2		十二烯基丁二酸	15
亚硝酸钠	0.5		液压油	110
乙酰柠檬酸乙酯	4		去离子水	80
甲基异丁酮	0.4		氢氧化钠	5
二烷基对二苯酚	0.5		硝酸铈	3
稀土缓蚀液压油	20		斯盘-80	0.5
聚硅氧烷	0.4			

制备方法

(1) 将亚硝酸钠加入 6～10 倍水中，搅拌均匀后加入甘油、二甲基丙基甲烷，100～160r/min 搅拌分散 3～7min，加入石蜡，加热到 70～80℃，保温搅拌 10～15min，降低温度到 50～60℃，加入聚硅氧烷，搅拌至水干；

(2) 将油酸聚氧乙烯酯、乙酰柠檬酸乙酯混合，在 50～60℃下搅拌 10～15min；

(3) 将上述处理后的各原料混合，送入反应釜，加入二烷基二硫代磷酸锌、上述 400SN 基础油质量的 30%～40%，充分搅拌均匀，脱水，在 80～85℃下搅拌混合 2～3h；

(4) 将反应釜温度降低到 50～60℃，加入剩余各原料，不断搅拌至常温，过滤出料。

所述的稀土缓蚀液压油的制备方法：

(1) 将磷酸二氢钠与上述去离子水质量的 16%～20%混合，搅拌均匀后加入聚环氧琥珀酸，充分混合，得酸化缓蚀剂；

(2) 取剩余去离子水质量的 40%～50%与十二烷基硫酸钠混合，搅拌均匀，加入正硅酸四乙酯、氧化铝，搅拌条件下滴加氨水，调节 pH 为 7.8～9，搅拌均匀，得硅铝溶胶；

(3) 将十二烯基丁二酸与氢氧化钠混合，搅拌均匀后加入剩余的去离子水中，充分混合，加入硝酸铈，在 60～65℃下保温搅拌 20～30min，得稀土分散液；

(4) 将斯盘-80 加入液压油中，搅拌均匀后加入上述稀土分散液、酸化缓蚀剂、硅铝溶胶，在80～90℃下保温反应20～30min，脱水，即得所述稀土缓蚀液压油。

产品应用 本品主要用于金属零件的防锈，能满足铸件、钢、铜、铝等多种金属材料的防锈要求。

产品特性 本产品稳定性好，表面耐候性强，与车用润滑油相容，不影响润滑油的润滑性能。

配方117 紧固件防锈油

原料配比

<table>
<tr><th>原料</th><th>配比(质量份)</th><th colspan="2">原料</th><th>配比(质量份)</th></tr>
<tr><td>矿物油(机械油)</td><td>10</td><td colspan="2">防锈剂(石蜡)</td><td>3</td></tr>
<tr><td>动物油(生猪油)</td><td>2</td><td rowspan="2">其他添加剂</td><td>MoS_2 粉末</td><td>1</td></tr>
<tr><td>润滑脂(钙钠基润滑脂)</td><td>79</td><td>石墨粉末</td><td>5</td></tr>
</table>

制备方法 将矿物油加热至140～160℃，加入防锈剂，充分搅拌；待其自然冷却至80～90℃时加入润滑脂，充分搅拌；待其自然冷却至室温后再加入动物油和其他添加剂，充分搅拌均匀后即制成防锈油。

产品特性

(1) 螺丝外螺纹与螺母内螺纹之间有防锈油薄膜，可耐雨水、大气侵蚀，耐蒸汽管道、内燃机高温，防锈期达1～2年，解决了拆不开的麻烦。

(2) 减小紧固件拧紧时螺丝杆受到的扭力，确保螺丝工作力学强度，延长使用寿命，提高机械设备、压力容器的安全工作运行系数。

配方118 静电喷涂防锈油

原料配比

<table>
<tr><th>原料</th><th>配比(质量份)</th><th colspan="2">原料</th><th>配比(质量份)</th></tr>
<tr><td>75SN 基础油</td><td>60</td><td colspan="2">成膜助剂</td><td>2</td></tr>
<tr><td>N32＃机械油</td><td>30</td><td rowspan="7">成膜助剂</td><td>十二烯基丁二酸</td><td>10～14</td></tr>
<tr><td>山梨醇酐单油酸酯</td><td>4</td><td>虫胶树脂</td><td>2</td></tr>
<tr><td>石油磺酸钠</td><td>2</td><td>双硬脂酸铝</td><td>6</td></tr>
<tr><td>1-羟乙基-2-油基咪唑啉</td><td>1</td><td>丙二醇甲醚乙酸酯</td><td>8</td></tr>
<tr><td>烷基酚聚氧乙烯醚</td><td>0.8</td><td>乙二醇单乙醚</td><td>0.3</td></tr>
<tr><td>二烷基二硫代磷酸锌</td><td>1</td><td rowspan="2">霍霍巴油</td><td rowspan="2">0.4</td></tr>
<tr><td>棕榈酸</td><td>1</td></tr>
</table>

制备方法 将上述75SN基础油、N32＃机械油混合，加热搅拌，加入山梨醇酐单油酸酯、石油磺酸钠，搅拌加热到100～120℃，脱水，冷却至60～70℃，加入烷基酚聚氧乙烯醚，保温搅拌1～2h，加入剩余各原料，脱水，保温搅拌2～3h，降低温度至35～40℃，过滤，即得所述静电喷涂防锈油。

所述的成膜助剂的制备方法：将上述双硬脂酸铝加热到80～90℃，加入丙二醇甲醚乙酸酯，充分搅拌后降低温度到60～70℃，加入乙二醇单乙醚，300～400r/min搅拌分散4～6min，得预混料；将上述十二烯基丁二酸与虫胶树脂在80～100℃下混合，搅拌均匀后加入上述预混料中，充分搅拌后，加入霍霍巴油，冷却至常温，即得所述成膜助剂。

产品特性 本产品提高了可清洗率，能够降低表面张力，形成稳定均匀涂膜，在金属工件表面铺展性好，能够起到很好的保护作用。

配方119 静电喷涂用防锈油

原料配比

原料		配比(质量份)				
		1#	2#	3#	4#	5#
基础油	25#变压器油	85	81	83	81	81
油溶性缓蚀剂	二壬基萘磺酸钡	6	8	6	6	7
	环烷酸锌	1	2	1	1.5	1
	4-壬基苯氧基乙酸	4	6	6	8	5
润滑剂	9,10-二羟基硬脂酸甲酯	3	2	3	2.5	4
抗氧剂T501		1	1	1	1	2

制备方法 将基础油加入反应釜中，搅拌升温脱水，加入二壬基萘磺酸钡、环烷酸锌以及4-壬基苯氧基乙酸、9,10-二羟基硬脂酸甲酯，于90～100℃下搅拌使其充分溶解、混合，然后降温至60～70℃，加入抗氧剂，搅拌至清晰透明，最后过滤，即可得到本静电喷涂防锈油。所述的脱水为真空脱水。所述的搅拌速度为70～80r/min。所述的过滤为离心式三重过滤或桶式夹板双重过滤。

产品特性

(1) 本产品对冷轧钢板和镀锌钢板均具有优良的防锈性和油膜去除性，且抗湿热性和抗重叠性能好，具有良好的实物冲压性，与电泳涂漆工艺的相容性可完全满足轿车和家电制造业的要求；

(2) 本产品生产过程中，在反应釜中一次调和成品，没有三废排放，不会污染环境。

配方120 钢板静电喷涂防锈油

原料配比

原料	配比(质量份)	原料	配比(质量份)
对硝基酚磷酸钠	0.4	香樟油	2
25#变压器油	70	邻苯二甲酸聚酯	2
聚异丁烯	2	石油磺酸钠	4
微晶石蜡	5	气相二氧化硅	2

续表

原料		配比（质量份）	原料		配比（质量份）
三乙醇胺油酸皂		3	抗磨机械油	蓖麻油酸	4
二苯基硅二醇		1		丙三醇	20～30
磷酸二氢钾		0.5		浓硫酸	适量
肌醇六磷酸		0.4		磷酸二氢锌	10
乙酰丙酮锌		0.5		28%氨水	50
油酸		2		单硬脂酸甘油酯	1
抗磨机械油		3		机械油	80
抗磨机械油	棕榈酸	0.5		硝酸镧	2～3
	萜烯树脂	2		硅烷偶联剂 KH560	0.2
	T321 硫化异丁烯	5			

制备方法

（1）将微晶石蜡、聚异丁烯混合，在 70～80℃下保温搅拌 6～10min，加入邻苯二甲酸聚酯，搅拌至常温；

（2）将对硝基酚磷酸钠、磷酸二氢钾、二苯基硅二醇混合，搅拌均匀后加入油酸，在 50～60℃下搅拌混合 10～20min；

（3）将上述处理后的各原料混合，搅拌均匀后加入气相二氧化硅，100～200r/min 搅拌分散 20～30min，加入反应釜中，加入 25＃变压器油，在 100～120℃下搅拌混合 20～30min，加入香樟油，降低温度到 80～90℃，搅拌混合 2～3h；

（4）将反应釜温度降低到 50～60℃，加入剩余各原料，不断搅拌至常温，过滤出料。

所述的抗磨机械油的制备方法：

（1）将蓖麻油酸加入丙三醇中，搅拌条件下滴加体系物料质量 1.5%～2%的浓硫酸，滴加完毕后加热到 160～170℃，保温反应 3～5h，得酯化料；

（2）取上述硅烷偶联剂 KH560 质量的 30%～40%加入棕榈酸中，搅拌均匀，加入酯化料，在 150～160℃下保温反应 1～2h，降低温度到 85～90℃，加入萜烯树脂，保温搅拌 30～40min，得改性萜烯树脂；

（3）将磷酸二氢锌加入 28%氨水中，搅拌混合 6～10min，加入混合均匀的硝酸镧与剩余硅烷偶联剂 KH560 的混合物，搅拌均匀，得稀土氨液；

（4）将单硬脂酸甘油酯加入机械油中，搅拌均匀后加入上述改性萜烯树脂、稀土氨液，在 120～125℃下保温反应 20～30min，脱水，即得所述抗磨机械油；

产品特性 本产品对冷轧钢板和镀锌钢板均具有优良的防锈性和油膜去除性，且抗湿热性和抗重叠性能好，运动黏度低，可以提高与金属工件的黏结强度，提高抗剥离性。

配方121 钢板静电喷涂用防锈油

原料配比

原料		配比（质量份）	原料		配比（质量份）
150SN 基础油		80	成膜助剂		16
二壬基萘磺酸钡		6	成膜助剂	古马隆树脂	40
聚甘油脂肪酸酯		2		植酸	3
氟钛酸钾		0.7		15%的氯化锌溶液	3
蔗糖脂肪酸酯		3		三乙醇胺油酸皂	0.8
壬基酚聚氧乙烯醚		0.6		*N*,*N*-二甲基甲酰胺	3
叔丁基对二苯酚		1		三羟甲基丙烷三丙烯酸酯	7
松节油		1		120＃溶剂油	16
十二烷基二甲基氧化胺		0.7			
过氧化钠		0.2		乙醇	3

制备方法

（1）将上述150SN基础油加入反应釜内，在110～120℃下保温搅拌1～2h，加入氟钛酸钾，脱水；

（2）加入二壬基萘磺酸钡、聚甘油脂肪酸酯、蔗糖脂肪酸酯，在80～90℃下搅拌混合1～2h，加入剩余各原料，降低温度到30～40℃，搅拌1～2h，过滤出料。

所述的成膜助剂制备方法：

（1）将上述植酸与*N*,*N*-二甲基甲酰胺混合，在50～70℃下搅拌3～5min，加入乙醇，混合均匀；

（2）将三羟甲基丙烷三丙烯酸酯与120＃溶剂油混合，在90～100℃下搅拌40～50min，加入古马隆树脂，降低温度到80～85℃，搅拌混合15～20min；

（3）将上述处理后的各原料混合，加入剩余各原料，700～800r/min搅拌分散10～20min，即得所述成膜助剂。

产品特性 本产品对冷轧钢板和镀锌钢板均具有优良的防锈性和油膜去除性，且抗湿热性和抗重叠性能好，具有良好的实物冲压性，与电泳涂漆工艺的相容性可完全满足轿车和家电制造业的要求。

配方122 聚异丁烯气相缓释防锈油

原料配比

原料	配比（质量份）	原料	配比（质量份）
120＃溶剂油	150	聚异丁烯	1.5
二茂铁	2.5	六次甲基四胺	1.5

续表

原料		配比（质量份）	原料		配比（质量份）
2-甲基咪唑啉		1.5	成膜树脂	三乙烯二胺	13
2-氨乙基十七烯基咪唑啉		1.5		环氧大豆油	12
8-羟基喹啉		2.5		二甲苯	14
1-羟基苯并三氮唑		1.5		交联剂 TAIC	7
十二烷基苯磺酸钠		2.5		松香	4
二烷基二硫代磷酸锌		2.5		锌粉	3
二甲基硅油		6	改性凹凸棒土	凹凸棒土	100
柠檬酸三丁酯		11		15%～20%双氧水	适量
成膜树脂		6		去离子水	适量
改性凹凸棒土		2		氢氧化铝粉	1～2
成膜树脂	十二烷基醚硫酸钠	4		钼酸钠	2～3
	液化石蜡	16		交联剂 TAC	1～2
	3-氨丙基三甲氧基硅烷	4			

制备方法 首先制备成膜树脂和改性凹凸棒土，然后按配方要求将各种成分在80～90℃下混合搅拌30～40min，冷却后过滤即可。

所述的成膜树脂按以下步骤制成：

(1) 将十二烷基醚硫酸钠、液化石蜡、3-氨丙基三甲氧基硅烷、三乙烯二胺、环氧大豆油、二甲苯、交联剂 TAIC 加入不锈钢反应釜中，升温至110℃±5℃，开动搅拌加入松香、锌粉。

(2) 以30～40℃/h的速率升温到205℃±2℃。

(3) 当酸值（以 KOH 计）达到15mg/g以下时停止加热，放至稀释釜。

(4) 冷却到70℃±5℃搅匀得到成膜树脂。

所述的改性凹凸棒土按以下步骤制成：

(1) 凹凸棒土用15%～20%双氧水泡2～3h后，再用去离子水洗涤至中性，烘干；

(2) 在凹凸棒土中加入氢氧化铝粉、钼酸钠、交联剂 TAC，高速（4500～4800r/min）搅拌20～30min，烘干粉碎成500～600目粉末。

产品应用 本品主要用于机械设备等内腔以及其他接触或非接触的金属部位的防锈。

产品特性

(1) 本产品既具有接触性防锈特性，又具有气相防锈性能，可广泛用于武器装备和民用金属材料的长期防锈，主要用于密闭内腔系统，对各种金属多有防锈功能。

(2) 本防锈油耐盐雾腐蚀性能较好，对多种金属都具有良好的效果。

配方123 抗剥离防锈油

原料配比

原料	配比（质量份）	原料		配比（质量份）
氟钛酸钾	0.4	成膜机械油		6
对羟基苯甲酸甲酯	2	成膜机械油	去离子水	60
十二烯基丁二酸	6		十二碳醇酯	7
氰尿酸锌	0.4		季戊四醇油酸酯	3
植物甾醇	1		交联剂 TAIC	0.2
5-羟基-2-金刚烷酮	0.4		三乙醇胺油酸皂	3
烷基化二苯胺	0.5		硝酸镧	4
次亚磷酸钠	0.5		机械油	100
油酸异丁酯	2		磷酸二氢锌	10
300SN 基础油	70		28%氨水	50
3-吡咯啉	0.2		硅烷偶联剂 KH560	0.2

制备方法

（1）将植物甾醇加入4～6倍水中，加入氟钛酸钾，在50～60℃下保温搅拌5～10min，加入烷基化二苯胺，100～200r/min搅拌分散30～40min；

（2）将上述处理后的原料加入反应釜中，加入300SN基础油，在100～120℃下搅拌混合20～30min，加入油酸异丁酯、氰尿酸锌，降低温度到80～90℃，脱水，搅拌混合2～3h；

（3）将反应釜温度降低到50～60℃，加入剩余各原料，不断搅拌至常温，过滤出料。

所述的成膜机械油的制备方法：

（1）取上述三乙醇胺油酸皂质量的20%～30%加入季戊四醇油酸酯中，在60～70℃下搅拌混合30～40min，得乳化油酸酯；

（2）将十二碳醇酯加入去离子水中，搅拌条件下依次加入乳化油酸酯、交联剂TAIC，在73～80℃下搅拌混合1～2h，得成膜助剂；

（3）将磷酸二氢锌加入28%氨水中，搅拌混合6～10min，加入混合均匀的硝酸镧与硅烷偶联剂KH560的混物，搅拌均匀，得稀土氨液；

（4）将剩余的三乙醇胺油酸皂加入机械油中，搅拌均匀后加入上述成膜助剂、稀土氨液，在120～125℃下保温反应20～30min，脱水，即得所述成膜机械油。

产品应用 本品主要用于连续组装金属零部件的处理。

产品特性 本产品表面黏性低、润滑性好，不会影响零件的连续组装工作。

配方124 抗磨损防锈油

原料配比

原料	配比（质量份）	原料		配比（质量份）
矿物油	70	纳米石墨粉		3
稀土防锈液压油	20	稀土防锈液压油	N-乙烯基吡咯烷酮	4
碳酸二环己胺	1		尼龙酸甲酯	3
氧化烷基胺聚氧乙烯醚	1		斯盘-80	0.7
石油磺酸钡	6		十二烯基丁二酸	16
甲基硫醇锡	0.05		液压油	110
间硝基苯磺酸钠	3		三烯丙基异氰尿酸酯	0.5
异氰尿酸三缩水甘油酯	2		去离子水	60
2-氨乙基十七烯基咪唑啉	2		过硫酸钾	0.6
二聚酸	3		氢氧化钠	5
三聚氰胺多聚磷酸酯	2		硝酸铈	2
铬酸叔丁酯	0.6			

制备方法

（1）将三聚氰胺多聚磷酸酯与石油磺酸钡混合，搅拌均匀后加入纳米石墨粉，在60～70℃下加热混合6～10min，加入碳酸二环己胺，搅拌至常温；

（2）将氧化烷基胺聚氧乙烯醚加入二聚酸中，搅拌均匀后加入上述矿物油质量的10%～15%，充分混合，加入间硝基苯磺酸钠、甲基硫醇锡，60～100r/min搅拌分散2～3min；

（3）将上述处理后的各原料混合，送入反应釜，充分搅拌均匀，脱水，在80～85℃下搅拌混合2～3h；

（4）将反应釜温度降低到50～60℃，加入剩余各原料，不断搅拌至常温，过滤出料。

所述的稀土防锈液压油的制备方法：

（1）将*N*-乙烯基吡咯烷酮与尼龙酸甲酯混合，在50～60℃下搅拌3～10min，得酯化烷酮；

（2）取上述斯盘-80质量的70%～80%、去离子水质量的30%～50%混合，搅拌均匀后加入酯化烷酮、三烯丙基异氰尿酸酯、上述过硫酸钾质量的60%～70%，搅拌均匀，得烷酮分散液；

（3）将十二烯基丁二酸与氢氧化钠混合，搅拌均匀后加入剩余的去离子水中，充分混合，加入硝酸铈，在60～65℃下保温搅拌20～30min，得稀土分散液；

(4) 将剩余的斯盘-80、过硫酸钾混合加入液压油中，搅拌均匀后加入上述烷酮分散液、稀土分散液，在70～80℃下保温反应3～4h，脱水，即得所述稀土防锈液压油。

产品应用 本品主要用于精密仪器及设备，可以起到很好的保护效果。

产品特性

(1) 本产品中加入了稀土防锈液压油，其中烷酮可以改善流动性，提高反应活性；加入的稀土离子可以与金属基材表面发生吸氧腐蚀产生的OH^-作用产生不溶性配合物，减缓腐蚀的电极反应速率，起到很好的缓蚀效果。

(2) 本产品加入了纳米石墨粉，有效提高了润滑性和防磨损性，特别适用于精密仪器及设备，可以起到很好的保护效果。

配方125 抗水性极强的硬膜干性防锈油

原料配比

原料	配比(质量份)		
	1#	2#	3#
石油磺酸钡	6	1	4
石油磺酸钠	1	6	3
二壬基萘磺酸钡	6	1	4
环烷酸锌	6	8	7
醇酸清漆	8	6	7
邻苯二甲酸二丁酯	1	3	2
叔丁基酚甲醛树脂	8	6	7
松节油	6	10	8
航空煤油	10	6	8
20#溶剂汽油	加至100	加至100	加至100

制备方法 将航空煤油及20#溶剂汽油加入反应釜中，升温到60℃，开动搅拌器控制转速为40r/min，再将石油磺酸钡、石油磺酸钠、二壬基萘磺酸钡、环烷酸锌、醇酸清漆、邻苯二甲酸二丁酯、叔丁基酚甲醛树脂、松节油依次徐徐加入反应釜中，每加一种原料需搅拌30min，当全部原料加入完毕后继续搅拌2～4h，待油液温度降到室温时，放料包装。

产品应用 本品是一种成本低、可延长设备封存防锈期的抗水性极强的硬膜干性防锈油。常温下，将表面呈干燥状态的工件浸渍于本产品中5～10min，自然沥干即在工件表面形成抗水性极强的硬膜。

产品特性 本产品成本低，可延长设备封存防锈期（可达两年以上），继而延长了设备的使用寿命。

配方126 抗污防锈油

原料配比

原料	配比(质量份)
灯用煤油	70
N-(1-甲基乙基)-2-丙胺	0.7
正丁醇	1～2
丙二醇甲醚乙酸酯	3
石油磺酸钡	7
地蜡	2～3
椰子油脂肪酸二乙醇酰胺 6501	0.3
十二烷基苯磺酸钠	0.5
4,4′-二辛基二苯胺	0.5

原料		配比(质量份)
成膜助剂		18
成膜助剂	古马隆树脂	40
	植酸	3
	10%的氯化锌溶液	4
	三乙醇胺油酸皂	0.8
	N,*N*-二甲基甲酰胺	1
	三羟甲基丙烷三丙烯酸酯	7
	120#溶剂油	16
	乙醇	3

制备方法

(1) 将上述椰子油脂肪酸二乙醇酰胺 6501、十二烷基苯磺酸钠混合加入灯用煤油中，在 70～80℃下保温搅拌 1～2h，加入正丁醇，继续搅拌 10～20min，脱水；

(2) 加入剩余各原料，降低温度到 30～40℃，搅拌 1～2h，过滤出料。

所述的成膜助剂制备方法：

(1) 将上述植酸与 *N*,*N*-二甲基甲酰胺混合，在 50～70℃下搅拌 3～5min，加入乙醇，混合均匀；

(2) 将三羟甲基丙烷三丙烯酸酯与 120#溶剂油混合，在 90～100℃下搅拌 40～50min，加入古马隆树脂，降低温度到 80～85℃，搅拌混合 15～20min；

(3) 将上述处理后的各原料混合，加入剩余各原料，700～800r/min 搅拌分散 10～20min，即得所述成膜助剂。

产品应用 本品主要用于家庭装潢、高档宾馆以及各类公共设施的金属防锈。

产品特性 本产品具有很好的抗污能力，能够保持金属原有的光泽度，起到很好的保护和防锈效果。

配方127 抗盐雾薄层软膜防锈油

原料配比

原料	配比(质量份)		原料	配比(质量份)	
	1#	2#		1#	2#
石油磺酸盐	10	7	邻苯二甲酸二异丁酯	1.5	1
氧化石油钡皂	9	5	长碳链烷醇酰胺	1	0.6
二壬基萘磺酸钡	5	4	高碳氧化脂肪酸酯	1.4	1
十二烯基丁二酸	1.5	1.2	矿物基础油	73.5	80
苯并三唑	0.2	0.2			

制备方法 将各组分原料混合均匀即可。

原料介绍 所述的石油磺酸盐选自石油磺酸钠、石油磺酸钡和石油磺酸钙中的一种或几种。

所述的长碳链烷醇酰胺是一种油性防锈功能剂 NEUF182。

所述的高碳氧化脂肪酸酯是一种浅色的、黏附性好、抗磨性高的氧化酯 MAXR23。

所述的矿物基础油选自 75SN 矿物基础油、100SN 矿物基础油和 150SN 矿物基础油中的一种或几种。

产品应用 本品是一种抗盐雾、薄层软膜防锈油组合物，用于钢件或合金钢件长期在海上运输等高湿、高盐度环境下的防护。

产品特性 本产品利用长碳链烷醇酰胺具有的使其他防锈缓蚀剂在金属表面充分分散，让各种防锈缓蚀剂在金属表面很好地吸附和自身的酰氨键能在金属表面形成致密吸附层的特性，以及高碳氧化脂肪酸酯的高黏附性，将各种缓蚀剂牢牢地固定在金属表面，从而有效地阻止了腐蚀介质浸入金属表面，明显提高了防锈油的抗盐雾性能，是一种抗盐雾性能高、防锈性能优异的薄层软膜防锈油。

配方128 抗盐雾防锈油

原料配比

原料	配比(质量份)	原料		配比(质量份)
120＃溶剂油	90	饱和十八碳酰胺		3
苯并三氮唑	1	成膜助剂		4
氧化石油脂钡皂	11	成膜助剂	古马隆树脂	50
琥珀酸二甲酯	3		甲基丙烯酸甲酯	10
硬脂酸铝	1		异丙醇铝	1～2
烷基酚聚氧乙烯醚磷酸酯	2		三羟甲基丙烷三丙烯酸酯	3
亚麻子油	0.7		斯盘-80	0.5
硼氢化钠	0.3		脱蜡煤油	26
苯甲酸乙醇胺	0.7		棕榈酸	2
过硫酸钾	0.3			

制备方法

(1) 将上述饱和十八碳酰胺加热到 110～115℃，加入氧化石油脂钡皂，搅拌混合均匀后降低温度到 60～70℃，加入过硫酸钾，100～200r/min 搅拌分散 4～6min，得预混料；

(2) 将 120＃溶剂油加入反应釜中，搅拌，加热到 110～120℃，加入上述预混料，搅拌均匀后加入硬脂酸铝、成膜助剂，连续脱水 1～2h，降温至于 50～60℃，加入烷基酚聚氧乙烯醚磷酸酯，保温搅拌 3～5h，加入剩余各原料，降低温度到 30～35℃，搅拌均匀，过滤出料。

所述的成膜助剂的制备方法：

（1）将上述古马隆树脂加热到75～80℃，加入甲基丙烯酸甲酯，搅拌至常温，加入脱蜡煤油，在60～80℃下搅拌混合30～40min；

（2）将异丙醇铝与棕榈酸混合，球磨均匀，加入三羟甲基丙烷三丙烯酸酯，在80～85℃下搅拌混合3～5min；

（3）将上述处理后的各原料混合，加入剩余原料，500～600r/min搅拌分散10～20min，即得所述成膜助剂。

产品特性 本产品各原料相容性好，无分层和沉淀现象，能在金属表面形成致密吸附层，可以有效阻止腐蚀介质浸入金属表面，可以明显提高防锈油的抗盐雾性能。

配方129 抗氧化触变性防锈油

原料配比

原料	配比(质量份)	原料		配比(质量份)
气相二氧化硅	0.5	稀土防锈液压油		20
100SN基础油	70	稀土防锈液压油	*N*-乙烯基吡咯烷酮	3
聚甲基丙烯酸甲酯	4		尼龙酸甲酯	3
十二烯基丁二酸	7		斯盘-80	0.7
1,2,3-苯并三氮唑	2		十二烯基丁二酸	16
聚乙烯醇	4		液压油	110
烯基丁二酸酯	2		三烯丙基异氰尿酸酯	0.5
四甲基硝酸铵	1		去离子水	70
4-氧丁酸甲基酯	3		过硫酸钾	0.6
乙酸乙酯	6		氢氧化钠	5
异佛尔酮二异氰酸酯	0.5		硝酸铈	4
钨酸铵	0.6			

制备方法

（1）将100SN基础油与聚甲基丙烯酸甲酯混合加入反应釜中，在110～120℃下保温搅拌混合6～10min；

（2）加入聚乙烯醇、十二烯基丁二酸、烯基丁二酸酯、钨酸铵，在70～80℃下搅拌混合20～30min；

（3）加入4-氧丁酸甲基酯、乙酸乙酯、异佛尔酮二异氰酸酯，充分搅拌均匀，连续脱水1～2h，加入除了气相二氧化硅以外的各原料，在60～75℃下搅拌混合2～3h；

（4）将反应釜温度降低到50～60℃，加入剩余原料，保温搅拌混合60～70min，降低反应釜温度至常温，过滤出料。

所述的稀土防锈液压油的制备方法：

（1）将*N*-乙烯基吡咯烷酮与尼龙酸甲酯混合，在50～60℃下搅拌3～10min，得酯化烷酮；

（2）取上述斯盘-80质量的70%～80%、去离子水质量的30%～50%混合，搅拌均匀后加入酯化烷酮、三烯丙基异氰尿酸酯、上述过硫酸钾质量的60%～70%，搅拌均匀，得烷酮分散液；

（3）将十二烯基丁二酸与氢氧化钠混合，搅拌均匀后加入剩余的去离子水中，充分混合，加入硝酸铈，在60～65℃下保温搅拌20～30min，得稀土分散液；

（4）将剩余的斯盘-80、过硫酸钾混合加入液压油中，搅拌均匀后加入上述烷酮分散液、稀土分散液，在70～80℃下保温反应3～4h，脱水，即得所述稀土防锈液压油。

产品应用 本品主要用于钢铁成品、半成品的仓储及运输过程中的防锈，可采用浸涂、辊涂、刷涂方式使用。

产品特性

（1）本产品中加入了稀土防锈液压油，其中烷酮可以改善流动性，提高反应活性；加入的稀土离子可以与金属基材表面发生吸氧腐蚀产生的OH^-作用产生不溶性配合物，减缓腐蚀的电极反应速率，起到很好的缓蚀效果。

（2）本产品具有触变性功能，在表面能快速形成稳定油膜，减少流淌。

配方130 抗紫外线防锈油

原料配比

原料	配比（质量份）	原料		配比（质量份）
46＃机械油	68	邻苯二甲酸二丁酯		9
苯并三唑	4.5	成膜剂	邻苯二甲酸二丁酯	20
成膜剂	4.0		二甲苯	4
氨丙基三乙氧基硅烷	3.0		乙二醇二缩水甘油醚	2.5
2,6-二叔丁基-4-甲基苯酚	1.4		E-12环氧树脂	10
硬脂酸单甘油酯	0.3		顺丁烯二酸酐	17
纳米陶瓷粉体	3.0		苯乙烯	1.4
乙酸乙酯	6.0		乙烯基三甲氧基硅烷	1.5
聚二甲基硅氧烷	2.8		交联剂TAIC	1.6
紫外线吸收剂UV-327	14			

制备方法

（1）按组成原料的质量份量取46＃机械油，加入反应釜中加热搅拌，至140～160℃时加入紫外线吸收剂UV-327，反应10～20min；

（2）在步骤（1）的物料中加入成膜剂、2,6-二叔丁基-4-甲基苯酚和乙酸乙酯，继续搅拌，冷却至35～45℃；

（3）在步骤（2）的物料中按组成原料的质量份加入其他组成原料，继续搅拌2～4h，过滤，即得成品。

所述的成膜剂的制备方法如下：

(1) 将邻苯二甲酸二丁酯、二甲苯、乙二醇二缩水甘油醚、E-12 环氧树脂混合加入反应釜中，在 70～110℃下反应 2～3h；

(2) 在步骤 (1) 的反应釜中加入顺丁烯二酸酐、苯乙烯、乙烯基三甲氧基硅烷、交联剂 TAIC，搅拌混合，在 50～80℃下反应 3～5h，即得成膜助剂。

产品特性 本产品在金属表面的附着力好、干燥快、抗紫外线性能好、环保无污染。以 46 # 机械油为主料，并添加了成膜剂，成膜速度快，表面不易氧化，不影响工件的外观，综合性能好，而且制备方法简单，成本低，适合大规模生产。

配方131 快干抗污防锈油

原料配比

原料	配比(质量份)	原料		配比(质量份)
牛脂二胺二油酸盐	5	抗剥离机械油	聚乙二醇单甲醚	3
硫酸铝铵	2		2,6-二叔丁基-4-甲基苯酚	0.2
三氯异氰尿酸	2		松香	6
邻苯二甲酸丁苄酯	2		聚氨酯丙烯酸酯	1
8-羟基喹啉	1		斯盘-80	3
聚磷酸铵	0.4		硝酸镧	3～4
烯丙基硫脲	0.4		机械油	100
石油磺酸钡	4		磷酸二氢锌	10
N68 # 机械油	70		28%氨水	50
十二烯基丁二酸半酯	4		去离子水	20
苄基三乙基溴化铵	0.6		硅烷偶联剂 KH560	0.2
抗剥离机械油	6			

制备方法

(1) 将苄基三乙基溴化铵加入 4～6 倍水中，搅拌均匀后加入硫酸铝铵、8-羟基喹啉，在 50～60℃下搅拌混合 10～20min；

(2) 将邻苯二甲酸丁苄酯、石油磺酸钡混合，加入上述 N68 # 机械油质量的 5%～10%，在 60～70℃下保温搅拌 6～10min；

(3) 将上述处理后的原料混合，搅拌均匀后加入剩余的 N68 # 机械油，搅拌均匀，加入反应釜中，在 100～120℃下搅拌混合 20～30min，加入烯丙基硫脲，降低温度到 80～90℃，脱水，搅拌混合 2～3h；

(4) 将反应釜温度降低到 50～60℃，加入剩余各原料，不断搅拌至常温，过滤出料。

所述的抗剥离机械油的制备方法：

(1) 将聚乙二醇单甲醚与 2,6-二叔丁基-4-甲基苯酚混合加入去离子水中，搅拌均匀，得聚醚分散液；

(2) 将松香与聚氨酯丙烯酸酯混合，在 75～80℃下搅拌 10～15min，得酯化松香；

(3) 将磷酸二氢锌加入28%氨水中，搅拌混合6～10min，加入混合均匀的硝酸镧与硅烷偶联剂KH560的混合物，搅拌均匀，得稀土氨液；

(4) 将斯盘-80加入机械油中，搅拌均匀后依次加入上述酯化松香、稀土氨液、聚醚分散液，在100～120℃下保温反应20～30min，脱水，即得所述抗剥离机械油。

产品应用 本品主要用于铜、铝有色金属和黑色金属的抗污防锈。

产品特性 本产品干燥速度快，形成的油膜层薄而透明、光亮丰满、防锈期长、抗盐雾性能显著，不粘手及灰尘杂质，去除容易，抗污、抗腐蚀性好，特别适用于铜、铝有色金属和黑色金属。

配方132 快干稳定防锈油

原料配比

原料	配比(质量份)	原料		配比(质量份)
150SN基础油	70	1,2-环氧丁烷		1
萜烯树脂	2	防锈助剂		5
三聚氰酸三烯丙酯	1	防锈助剂	古马隆树脂	30
2-巯基苯并噻唑	0.7		四氢糠醇	4
碳酸钠	0.2		乙酰丙酮锌	0.6
异丁醇	1		十二烯基丁二酸半酯	5
环氧酸镁	0.4		150SN基础油	19
羊毛脂	7		三羟甲基丙烷三丙烯酸酯	2
月桂酸二乙醇酰胺	2			

制备方法

(1) 将上述150SN基础油质量的30%～50%加入反应釜中，当温度升至100～120℃，加入萜烯树脂、防锈助剂，搅拌混合1～2h；

(2) 将反应釜温度降低至60～80℃，再加入剩余各原料，充分搅拌至完全溶解，冷却至室温，过滤出料。

所述的防锈助剂的制备方法：

(1) 将上述古马隆树脂加热到75～80℃，加入乙酰丙酮锌，搅拌混合10～15min，加入四氢糠醇，搅拌至常温；

(2) 将150SN基础油质量的30%～40%与十二烯基丁二酸半酯混合，在100～110℃下搅拌1～2h；

(3) 将上述处理后的各原料混合，加入剩余原料，100～200r/min搅拌分散30～50min，即得所述防锈助剂。

产品特性 本产品实干时间0.5～2h，防锈膜光亮透明、不易变色、不易氧化，涂膜稳定，具有高的耐盐雾性、耐湿热性、耐老化性等，可以对基材起到很好的保护效果。

配方133 快干型薄层防锈油

原料配比

原料	配比(质量份)	原料		配比(质量份)
氰尿酸锌	0.4	稀土成膜液压油		20
30＃机械油	70	稀土成膜液压油	丙二醇苯醚	15
磷钨酸	0.4		明胶	4
丙烯酸十三氟辛酯	0.7		甘油	2.1
聚氯乙烯	3		磷酸三甲酚酯	0.4
硫代二丙酸二月桂酯	1		硫酸铝铵	0.4
对羟基苯甲酸甲酯	2		液压油	110
焦磷酸钠	2		去离子水	105
油酸聚氧乙烯酯	1		氢氧化钠	3
十二烷基硫酸钠	0.2		硝酸铈	3
防锈剂 T705	6		十二烯基丁二酸	15
五氯硬脂酸甲酯	2		斯盘-80	0.5

制备方法

（1）将聚氯乙烯加热到 90～100℃，加入丙烯酸十三氟辛酯，搅拌均匀，得酯化聚氯乙烯；

（2）将硫代二丙酸二月桂酯加入 30＃机械油中，搅拌均匀后加入防锈剂 T705，加热到 110～120℃，加入酯化聚氯乙烯、油酸聚氧乙烯酯，保温搅拌混合 40～50min；

（3）将上述处理后的各原料与磷钨酸、焦磷酸钠混合，送入反应釜，加入氰尿酸锌，充分搅拌均匀，脱水，在 80～85℃下搅拌混合 2～3h；

（4）将反应釜温度降低到 50～60℃，加入剩余各原料，不断搅拌至常温，过滤出料。

所述的稀土成膜液压油的制备方法：

（1）将磷酸三甲酚酯加入甘油中，搅拌均匀，得醇酯溶液；

（2）将明胶与上述去离子水质量的 40%～55%混合，搅拌均匀后加入硫酸铝铵，放入 60～70℃的水浴中，加热 10～20min，加入上述醇酯溶液，继续加热 5～7min，取出冷却至常温，加入丙二醇苯醚，40～60r/min 搅拌混合 10～20min，得成膜助剂；

（3）将十二烯基丁二酸与氢氧化钠混合，搅拌均匀后加入剩余的去离子水中，充分混合，加入硝酸铈，在 60～65℃下保温搅拌 20～30min，得稀土分散液；

（4）将斯盘-80 加入液压油中，搅拌均匀后加入上述成膜助剂、稀土分散液，在 60～70℃下保温反应 30～40min，脱水，即得所述稀土成膜液压油。

产品特性 本产品解决了零部件的包装封存问题，保证防锈油在零件上快速形成较薄的油膜，防锈时间长，耐酸、碱性，高、低温性好，便于长时间运输。

配方134 快干型金属薄层防锈油

原料配比

原料	配比(质量份)
100＃机械油	60
N32＃机油	20
石油磺酸钡	5
环烷酸锌	1
2,6-二叔丁基对甲酚	2
苯甲酸	1
N-油酰肌氨酸十八胺盐	1
成膜助剂	2

原料		配比(质量份)
聚甘油脂肪酸酯		2
成膜助剂	十二烯基丁二酸	14
	虫胶树脂	1
	双硬脂酸铝	7
	丙二醇甲醚乙酸酯	8
	乙二醇单乙醚	0.3
	霍霍巴油	0.4

制备方法 将上述100＃机械油与N32＃机油混合加入反应釜中，搅拌加热到110～120℃充分脱水；加入石油磺酸钡，加热搅拌使其溶解；从反应釜底部放出少量热油，再加入剩余各原料，加热搅拌，在110～120℃下反应2～4h；待其温度降至40℃以下时过滤装桶包装，即得所述快干型金属薄层防锈油。

所述的成膜助剂的制备方法：将上述双硬脂酸铝加热到80～90℃，加入丙二醇甲醚乙酸酯，充分搅拌后降低温度到60～70℃，加入乙二醇单乙醚，300～400r/min搅拌分散4～6min，得预混料；将上述十二烯基丁二酸与虫胶树脂在80～100℃下混合，搅拌均匀后加入上述预混料中，充分搅拌后，加入霍霍巴油，冷却至常温，即得所述成膜助剂。

产品特性 本产品可以在工件上快速形成稳定的油膜，防锈时间长，耐盐雾、耐腐蚀、耐老化性能强。

配方135 快干硬膜防锈油

原料配比

原料	配比(质量份)
150SN基础油	64
对叔丁基苯酚甲醛树脂	7
石油磺酸钙	5
吐温-20	0.4
地蜡	2
氢化蓖麻油	8
烯基丁二酸	3
聚六亚甲基胍	0.2
烷基二苯胺	0.7
尿素	0.4

原料		配比(质量份)
2,6-二叔丁基对甲酚		0.7
成膜助剂		8
成膜助剂	古马隆树脂	50
	甲基丙烯酸甲酯	10
	异丙醇铝	1
	三羟甲基丙烷三丙烯酸酯	5
	斯盘-80	0.5
	脱蜡煤油	26
	棕榈酸	1

制备方法

(1) 将上述150SN基础油质量的20%～30%与石油磺酸钙、对叔丁基苯酚甲醛树脂、氢化蓖麻油混合，加热到100～130℃，搅拌混合2～3h；

(2) 加入剩余各原料，降低温度到50～60℃，保温搅拌2～3h，冷却至常温，过滤出料。

所述的成膜助剂制备方法如下：

(1) 将上述古马隆树脂加热到75～80℃，加入甲基丙烯酸甲酯，搅拌至常温，加入脱蜡煤油，在60～80℃下搅拌混合30～40min；

(2) 将异丙醇铝与棕榈酸混合，球磨均匀，加入三羟甲基丙烷三丙烯酸酯，在80～85℃下搅拌混合3～5min；

(3) 将上述处理后的各原料混合，加入剩余原料，500～600r/min搅拌分散10～20min，即得所述成膜助剂。

产品特性 本防锈油10～30min表干、0.5～2h实干，防锈膜透明、光亮，可减少灰尘黏附；产品适用性强，尤其适用于有色金属和黑色金属长期储存、运输。

配方136 快干硬膜金属防锈油

原料配比

原料	配比(质量份)			原料	配比(质量份)		
	1#	2#	3#		1#	2#	3#
叔丁基酚甲醛树脂	7	12	10	氧化石油脂钡皂	1.25	1.5	0.5
石油树脂	7.5	3	3.5	2,6-二叔丁基对甲酚	0.2	0.2	2
斯盘-80	1.5	1.5	2	100SN	8	10	0.5
石油磺酸钡	7.5	5	5.5	60SN	—	—	10
石油磺酸钙	1	2.5	1	120#溶剂油	65.8	3.8	5.3
苯并三氮唑	0.25	0.5	1.5				

制备方法

(1) 将基础油总量的80%加入反应釜中，加热搅拌，当温度升至100～150℃时，加入防锈剂、助溶剂、抗氧剂，充分搅拌使其完全溶解；

(2) 当反应釜内温降至50～100℃时，再缓慢加入成膜剂和余量基础油，充分搅拌至完全溶解，冷却至室温，取样进行检验，合格后过滤、出料、包装，完成制备。

原料介绍 所述成膜剂任选叔丁基酚甲醛树脂、石油树脂中的一种或两种；

所述防锈剂任选石油磺酸钡、石油磺酸钙、苯并三氮唑、氧化石油脂钡皂中的一种或几种；

所述助溶剂为斯盘-80；

所述抗氧剂为2,6-二叔丁基对甲酚；

所述基础油任选深度精制矿物油 60SN、100SN、120 # 溶剂油中的一种或几种。

产品特性

(1) 本产品 10～30min 表干、0.5～2h 实干，防锈膜透明、光亮，可减少灰尘黏附，令产品整洁、美观；

(2) 本产品选用多种防锈剂复配，产品适用性强，尤其适用于有色金属和黑色金属长期储存、运输。

配方137 快速干燥防锈油

原料配比

原料	配比（质量份）	原料		配比（质量份）
32 # 液压油	75	邻苯二甲酸二丁酯		15
二环己胺	1.5	成膜助剂	苯乙烯	20
成膜剂	7.0		二甲苯	4.0
甲基三乙氧基硅烷	4.0		乙二醇二缩水甘油醚	2.5
对苯二酚	0.6		E-12 环氧树脂	10
黄油	5.0		顺丁烯二酸酐	17
纳米陶瓷粉体	3.0		2,6-二叔丁基对甲酚	1.4
乙酸异丁酯	8.0		甲乙酮	1.5
聚二甲基硅氧烷	6.5		交联剂 TAIC	1.6
三丁甲基乙醚	16			

制备方法

(1) 按组成原料的质量份量取 32 # 液压油，加入反应釜中加热搅拌，至 140～160℃时加入三丁甲基乙醚，反应 15～20min；

(2) 在步骤 (1) 的物料中加入成膜剂、对苯二酚和乙酸异丁酯，继续搅拌，冷却至 33～38℃；

(3) 在步骤 (2) 的物料中按组成原料的质量份加入其他组成原料，继续搅拌 1～3h，过滤，即得成品。

所述的成膜剂的制备方法如下：

(1) 将苯乙烯、二甲苯、乙二醇二缩水甘油醚、E-12 环氧树脂混合加入反应釜中，在 70～110℃下反应 2～3h；

(2) 在步骤 (1) 的反应釜中加入顺丁烯二酸酐、2,6-二叔丁基对甲酚、甲乙酮、交联剂 TAIC，搅拌混合，在 50～80℃下反应 3～5h，即得成膜剂。

产品特性 本产品在金属表面的附着力好、干燥快、环保无污染。以 32 # 液压油为基础油，并添加了成膜剂，成膜速度快，表面不易氧化，不影响工件的外观，综合性能好，而且制备方法简单，成本低，适合大规模生产。

配方138 蜡膜防锈油

原料配比

原料		配比(质量份)
120 #汽油		60
氢化牛脂胺		4
苯扎溴铵		0.4
氯化石蜡		7
中性二壬基萘磺酸钡		7
重烷基苯磺酸钡		3
抗氧剂 1010		0.7
癸二酸钠		2
六次甲基四胺		0.6
双硬脂酸铝		0.3
邻苯二甲酸酯		3
成膜助剂		7
成膜助剂	古马隆树脂	50
	甲基丙烯酸甲酯	10
	异丙醇铝	2
	三羟甲基丙烷三丙烯酸酯	3
	斯盘-80	0.5
	脱蜡煤油	26
	棕榈酸	2

制备方法

(1) 将上述成膜助剂加入反应釜中，加热到 110～120℃，保温搅拌 10～20min 后加入氢化牛脂胺、氯化石蜡，搅拌混合 1～2h；

(2) 加入中性二壬基萘磺酸钡、重烷基苯磺酸钡、邻苯二甲酸酯，在 90～100℃下保温搅拌 1～2h；

(3) 降低反应釜温度到 30～35℃，加入剩余各原料，保温搅拌 20～30min，过滤出料，即得所述蜡膜防锈油。

所述的成膜助剂的制备方法：

(1) 将上述古马隆树脂加热到 75～80℃，加入甲基丙烯酸甲酯，搅拌至常温，加入脱蜡煤油，在 60～80℃下搅拌混合 30～40min；

(2) 将异丙醇铝与棕榈酸混合，球磨均匀，加入三羟甲基丙烷三丙烯酸酯，在 80～85℃下搅拌混合 3～5min；

(3) 将上述处理后的各原料混合，加入剩余原料，500～600r/min 搅拌分散 10～20min，即得所述成膜助剂。

产品特性 本产品防锈时间长，防锈膜薄，具有高的耐盐雾性、耐湿热性、耐老化性等，可清洗性能好。加入的成膜助剂改善了油膜的表面张力，使得涂膜更加稳定、均匀，增强了保护效果。

配方139 蜡膜金属防锈油

原料配比

原料		配比(质量份)				
		1#	2#	3#	4#	5#
成膜材料	十六/十八烯基丁二酸酰胺	110	100	100	120	110

续表

原料		配比(质量份)				
		1#	2#	3#	4#	5#
油溶性缓蚀剂	十二烯基丁二酸半酯	15	10	15	10	10
	中性二壬基萘磺酸钡	45	50	50	50	45
	羊毛脂镁皂	1	1.5	—	3	5
	斯盘-80	—	—	10	—	—
	苯并三氮唑	3	1	2	2	1
	重烷基苯磺酸钡	50	30	40	40	50
	重烷基苯磺酸钠	—	20	—	20	—
稀释溶剂	石脑油	676	637.5	783	605	629
	120#汽油	100	150	—	150	150

制备方法

(1) 将成膜材料十六/十八烯基丁二酸酰胺投入反应釜中，搅拌加热到115～125℃。

(2) 每间隔15～25min，依次向反应釜中投入油溶性缓蚀剂，投入完毕后保温0.8～1.2h。

(3) 反应釜温度降至25～35℃时，依次向反应釜中投入稀释溶剂，均匀搅拌15～25min即可。

原料介绍 所述油溶性缓蚀剂选自十二烯基丁二酸半酯、中性二壬基萘磺酸钡、羊毛脂镁皂、苯并三氮唑、重烷基苯磺酸钡、重烷基苯磺酸钠、斯盘-80中的一种或几种。

所述稀释溶剂选自120#汽油、石脑油中的一种或两种。

产品特性 本产品以十六/十八烯基丁二酸酰胺为主要成膜材料，该材料易乳化，使蜡膜防锈油便于清洗，使用高压温水即可清洗干净。另外，十六/十八烯基丁二酸酰胺具有一定的防锈性能，与适量油溶性缓蚀剂结合，可增强其综合性能、延长防锈期。

配方140 连续组装金属零部件用防锈油

原料配比

原料	配比(质量份)	原料	配比(质量份)
木杂酚油	3	二甲基硅油	0.5
硫酸亚铁铵	2	硬脂酸	3
石油磺酸钡	4	25#机械油	80
亚硝酸钠	0.2	甲基硫醇锡	0.3
2-溴-4-甲基苯酚	0.2	苯甲酸钠	0.6
多异氰酸酯	3	成膜机械油	4～6
聚异戊二烯	1		

续表

原料		配比(质量份)	原料		配比(质量份)
成膜机械油	去离子水	60	成膜机械油	硝酸镧	4
	十二碳醇酯	7		机械油	100
	季戊四醇油酸酯	3		磷酸二氢锌	10
	交联剂 TAIC	0.2		28%氨水	50
	三乙醇胺油酸皂	2		硅烷偶联剂 KH560	0.2

制备方法

(1) 将聚异戊二烯与硬脂酸混合，搅拌均匀，加入木杂酚油，在 60～70℃下搅拌混合 3～5min，加入石油磺酸钡和上述 25 # 机械油质量的 15%～20%，100～200r/min 搅拌分散 20～30min；

(2) 将上述处理后的原料加入反应釜中，加入剩余的 25 # 机械油，在 100～120℃下搅拌混合 20～30min，加入二甲基硅油，降低温度到 80～90℃，脱水，搅拌混合 2～3h；

(3) 将反应釜温度降低到 50～60℃，加入剩余各原料，不断搅拌至常温，过滤出料。

所述的成膜机械油的制备方法：

(1) 取上述三乙醇胺油酸皂质量的 20%～30%加入季戊四醇油酸酯中，在 60～70℃下搅拌混合 30～40min，得乳化油酸酯；

(2) 将十二碳醇酯加入去离子水中，搅拌条件下依次加入乳化油酸酯、交联剂 TAIC，在 73～80℃下搅拌混合 1～2h，得成膜助剂；

(3) 将磷酸二氢锌加入 28%氨水中，搅拌混合 6～10min，加入混合均匀的硝酸镧与硅烷偶联剂 KH560 的混合物，搅拌均匀，得稀土氨液；

(4) 将剩余的三乙醇胺油酸皂加入机械油中，搅拌均匀后加入上述成膜助剂、稀土氨液，在 120～125℃下保温反应 20～30min，脱水，即得所述成膜机械油。

产品应用 本品是一种连续组装金属零部件用防锈油。

产品特性 本产品特别适合用于连续组装金属零部件的处理，表面黏性低，润滑性好，不会影响零件的连续组装工作。

配方141 链条防锈油

原料配比

原料	配比(质量份)	原料	配比(质量份)
100SN 基础油	58	环烷酸钠	4
1,2-环氧丁烷	0.6	硅酸乙酯	5
油酸	6～10	碳酸二环己胺	1

续表

原料		配比(质量份)
鲸蜡硬脂醇硫酸酯钠		0.4
聚甘油脂肪酸酯		5
抗坏血酸		0.5
成膜助剂		25
成膜助剂	古马隆树脂	40
	植酸	3
	10%的氯化锌溶液	4
	三乙醇胺油酸皂	0.8
	N,N-二甲基甲酰胺	1
	三羟甲基丙烷三丙烯酸酯	5
	120#溶剂油	16
	乙醇	3

制备方法 将上述100SN基础油与聚甘油脂肪酸酯混合，在100～120℃下保温搅拌1～2h，加入剩余各原料，降低温度到70～80℃，脱水，搅拌至常温，过滤出料。

所述的成膜助剂的制备方法：

(1) 将上述植酸与N,N-二甲基甲酰胺混合，在50～70℃下搅拌3～5min，加入乙醇，混合均匀；

(2) 将三羟甲基丙烷三丙烯酸酯与120#溶剂油混合，在90～100℃下搅拌40～50min，加入古马隆树脂，降低温度到80～85℃，搅拌混合15～20min；

(3) 将上述处理后的各原料混合，加入剩余各原料，700～800r/min搅拌分散10～20min，即得所述成膜助剂。

产品特性 本产品耐湿热、耐腐蚀性好，综合性能优越，喷淋有本产品的链条在湿度为80%的环境下放置6个月没有锈迹产生，具有良好的防锈功能。

配方142 链条生产用防锈油

原料配比

原料	配比(质量份)		
	1#	2#	3#
硬脂酸镁	14	13	14
环烷酸钠	5	8	7
硅酸乙酯	5	3	4
十八烷基聚丙烯醚磺酸钾	1	2	1
油酸	89	83	86
月桂酸	11	12	14

制备方法 将各组分投入反应器中，反应器温度设定为70℃，待搅拌均匀后，冷却至常温，即可制得产品。

产品应用 本品主要用于链条防锈。

产品特性 本产品具有良好的防止链条生锈的功能。喷淋有本产品的链条在湿度为80%的环境下放置6个月没有锈迹产生，具有优异的防锈效果。

配方143 链条用防锈油

原料配比

原料	配比（质量份）	原料		配比（质量份）
硬脂醇甘草亭酸酯	2	二苯基咪唑啉		0.4
蓖麻油酸钙	0.8	抗磨机械油	棕榈酸	0.5
酒石酸氢钾	2		萜烯树脂	3
150SN 基础油	70		T321 硫化异丁烯	7
偏苯三酸酯	2		蓖麻油酸	6
壬二酸二辛酯	4		丙三醇	30
干酪素	0.4		浓硫酸	适量
松香醇	1		磷酸二氢锌	10
羧甲基纤维素钠	2		28%氨水	50
松香酸聚氧乙烯酯	0.1		单硬脂酸甘油酯	1～2
石油磺酸钠	5		机械油	80
抗磨机械油	5		硝酸镧	3
四甲基硝酸铵	0.2		硅烷偶联剂 KH560	0.2

制备方法

（1）取上述150SN 基础油质量的20%～30%，加入松香酸聚氧乙烯酯，搅拌均匀后加入石油磺酸钠，在60～80℃下保温搅拌10～20min；

（2）将羧甲基纤维素钠加入2～3倍水中，搅拌均匀后加入松香醇、酒石酸氢钾，在60～70℃下保温搅拌5～10min；

（3）将上述处理后的原料混合，搅拌均匀后加入反应釜中，加入剩余的150SN 基础油，在100～120℃下搅拌混合20～30min，加入蓖麻油酸钙，降低温度到80～90℃，脱水，搅拌混合2～3h；

（4）将反应釜温度降低到50～60℃，加入剩余各原料，不断搅拌至常温，过滤出料。

所述的抗磨机械油的制备方法：

（1）将蓖麻油酸加入丙三醇中，搅拌条件下滴加体系物料质量1.5%～2%的浓硫酸，滴加完毕后加热到160～170℃，保温反应3～5h，得酯化料；

（2）取上述硅烷偶联剂 KH560 质量的30%～40%，加入棕榈酸中，搅拌均匀，加入酯化料，在150～160℃下保温反应1～2h，降低温度到85～90℃，加入萜烯树脂，保温搅拌30～40min，得改性萜烯树脂；

（3）将磷酸二氢锌加入28%氨水中，搅拌混合6～10min，加入混合均匀的硝酸镧与剩余硅烷偶联剂 KH560 的混合物，搅拌均匀，得稀土氨液；

（4）将单硬脂酸甘油酯加入机械油中，搅拌均匀后加入上述改性萜烯树脂、稀土氨液，在120～125℃下保温反应20～30min，脱水，将反应釜温度降低到50～60℃，加入T321硫化异丁烯混合均匀，即得所述抗磨机械油。

产品应用 本品主要用于各类链条、机床变速系统、齿轮箱及其他需要润滑和防锈的金属工件。

产品特性 本产品具有良好的润滑性及抗磨性，可保证链条等在高速运转条件下得到正常的润滑并减少磨损。

配方144 磷化防锈油

原料配比

<table>
<tr><th>原料</th><th>配比
（质量份）</th><th colspan="2">原料</th><th>配比
（质量份）</th></tr>
<tr><td>磷钨酸</td><td>2～4</td><td colspan="2">磷酸二氢钾</td><td>3～4</td></tr>
<tr><td>六氢化邻苯二甲酸酐</td><td>1～2</td><td colspan="2">成膜机械油</td><td>4～5</td></tr>
<tr><td>N-月桂酰肌氨酸钠</td><td>0.4～1</td><td rowspan="10">成膜
机械油</td><td>去离子水</td><td>50～60</td></tr>
<tr><td>斯盘-80</td><td>0.5～1</td><td>十二碳醇酯</td><td>5～7</td></tr>
<tr><td>壬二酸二辛酯</td><td>2～3</td><td>季戊四醇油酸酯</td><td>2</td></tr>
<tr><td>2-硫醇基苯并咪唑</td><td>1～2</td><td>交联剂TAIC</td><td>0.1～0.2</td></tr>
<tr><td>硅酸钾钠</td><td>1～2</td><td>三乙醇胺油酸皂</td><td>2～3</td></tr>
<tr><td>聚磷酸铵</td><td>1～2</td><td>硝酸镧</td><td>3～4</td></tr>
<tr><td>尼龙酸甲酯</td><td>2～3</td><td>机械油</td><td>100</td></tr>
<tr><td>30#机械油</td><td>70～80</td><td>磷酸二氢锌</td><td>10</td></tr>
<tr><td>防锈剂T702</td><td>4～6</td><td>28%氨水</td><td>40～50</td></tr>
<tr><td>乙萘酚</td><td>0.7～2</td><td>硅烷偶联剂KH560</td><td>0.1～0.2</td></tr>
</table>

制备方法

（1）将磷酸二氢钾、磷钨酸、聚磷酸铵混合，搅拌均匀后加入尼龙酸甲酯，在70～80℃下搅拌混合7～10min，得酯化磷料；

（2）将斯盘-80加入30#机械油中，搅拌均匀后加入酯化磷料、乙萘酚，在80～100℃下搅拌混合20～30min；

（3）将上述处理后的原料加入反应釜中，加入防锈剂T702，在100～120℃下搅拌混合20～30min，加入*N*-月桂酰肌氨酸钠，降低温度到80～90℃，脱水，搅拌混合2～3h；

（4）将反应釜温度降低到50～60℃，加入剩余各原料，不断搅拌至常温，过滤出料。

所述的成膜机械油的制备方法：

（1）取上述三乙醇胺油酸皂质量的20%～30%加入季戊四醇油酸酯中，在60～70℃下搅拌混合30～40min，得乳化油酸酯；

（2）将十二碳醇酯加入去离子水中，搅拌条件下依次加入乳化油酸酯、交联剂 TAIC，在 73～80℃下搅拌混合 1～2h，得成膜助剂；

（3）将磷酸二氢锌加入 28%氨水中，搅拌混合 6～10min，加入混合均匀的硝酸镧与硅烷偶联剂 KH560 的混合物，搅拌均匀，得稀土氨液；

（4）将剩余的三乙醇胺油酸皂加入机械油中，搅拌均匀后加入上述成膜助剂、稀土氨液，在 120～125℃下保温反应 20～30min，脱水，即得所述成膜机械油。

产品应用 本品是一种磷化防锈油，适合海运工件，还具有一定的清洗功能，可将工件表面的少量油、垢、污、斑清洗干净。

产品特性 本产品具有很好的耐盐雾、耐湿热、耐大气及耐盐水浸渍能力。

配方145 磷化金属防锈油

原料配比

原料	配比（质量份）	原料		配比（质量份）
0＃轻柴油	60	成膜助剂	古马隆树脂	40
二甲基丙基甲烷	10		植酸	3
石油磺酸钙	8		15%的氯化锌溶液	3
二硬脂酰氧异丙氧基铝酸酯	0.7		三乙醇胺油酸皂	0.8～1
N,*N*-二(羟基乙基)椰油酰胺	0.6		*N*,*N*-二甲基甲酰胺	3
三乙二醇甲醚硼酸三酯	2		三羟甲基丙烷三丙烯酸酯	5
石油醚	2		120 号溶剂油	16
羊毛脂	10		乙醇	3
成膜助剂	15			

制备方法 将羊毛脂与石油磺酸钙混合，在 90～100℃下搅拌均匀，加入三乙二醇甲醚硼酸三酯、石油醚，继续保温搅拌 1～2h，加入 0＃轻柴油、成膜助剂，在 100～110℃下保温搅拌 2～3h，加入剩余各原料，脱水，降低温度到30～40℃，搅拌 1～2h，过滤出料。

所述的成膜助剂的制备方法：

（1）将上述植酸与*N*，*N*-二甲基甲酰胺混合，在 50～70℃下搅拌 3～5min，加入乙醇，混合均匀；

（2）将三羟甲基丙烷三丙烯酸酯与 120＃溶剂油混合，在 90～100℃下搅拌 40～50min，加入古马隆树脂，降低温度到 80～85℃，搅拌混合 15～20min；

（3）将上述处理后的各原料混合，加入剩余各原料，700～800r/min 搅拌分散 10～20min，即得所述成膜助剂。

产品特性 本产品能够快速在金属表面形成半固态黏膜防锈保护层，阻隔金属与空气中氧气、水气接触，起到有效的防锈效果，具有很好的耐盐雾、耐湿热、耐水能力，适用范围广。

配方146 磷化金属用防锈油

原料配比

原料	配比(质量份)			原料	配比(质量份)		
	1#	2#	3#		1#	2#	3#
防锈剂1(35#石油磺酸钠)	10	12	15	稳定剂(二甲基丙基甲烷)	20	25	30
防锈剂2(T701石油磺酸钡)	2	3	1	助溶剂(柴油、汽油)	60	55	50
皂剂(羊毛脂镁皂)	8	5	2				

制备方法

(1) 在反应釜中加入防锈剂1、防锈剂2,常温搅拌;

(2) 加入皂剂,搅拌10~20min;

(3) 加入稳定剂,分别搅拌10~20min;

(4) 加入助溶剂,搅拌10~20min;

(5) 过滤,得到所述磷化金属防锈油。

产品特性

(1) 本产品能在3~5min内在金属表面形成半固态黏膜防锈保护层,阻隔金属与空气中氧气、水气接触,起到有效的防锈效果。

(2) 具有耐盐雾、耐湿热、耐大气及耐盐水浸渍能力,特别适合出口(海运)磷化件的防锈。

(3) 无毒无害,符合RoHS认证标准要求,对人类和环境友好。

(4) 具有一定的清洗功能,可将工件表面的少量油、垢、污、斑清洗干净。

配方147 卤化润滑防锈油

原料配比

原料	配比(质量份)	原料		配比(质量份)
稀土缓蚀液压油	20	纳米石墨粉		0.2
300SN基础油	80	稀土缓蚀液压油	聚环氧琥珀酸	3
羟丙酯	5		正硅酸四乙酯	5
木杂酚油	4		磷酸二氢钠	1
蔗糖脂肪酸酯	4		十二烷基硫酸钠	0.8
N-溴代琥珀酰亚胺	0.3		氧化铝	0.7
苄基三乙基溴化铵	2		十二烯基丁二酸	15
氰尿酸锌	0.5		液压油	110
石油磺酸钡	5		去离子水	80
苯并三氮唑	0.6		氢氧化钠	5
钛酸四丁酯	3		硝酸铈	3
月桂酸二乙醇酰胺	0.5		斯盘-80	0.5
烯丙基硫脲	0.4		氨水	适量

制备方法

(1) 将钛酸四丁酯与纳米石墨粉混合，在50～60℃下保温搅拌6～10min，得酯化石墨粉；将苄基三乙基溴化铵用其质量的3～4倍水溶解，搅拌均匀后加入上述酯化石墨粉，搅拌充分。

(2) 将石油磺酸钡、羟丙酯混合，在60～70℃下搅拌5～10min。

(3) 将上述处理后的各原料混合，送入反应釜，加入上述300SN基础油质量的30%～40%，充分搅拌均匀，脱水，在80～85℃下搅拌混合2～3h。

(4) 将反应釜温度降低到50～60℃，加入剩余各原料，不断搅拌至常温，过滤出料。

所述的稀土缓蚀液压油的制备方法：

(1) 将磷酸二氢钠与上述去离子水质量的16%～20%混合，搅拌均匀后加入聚环氧琥珀酸，充分混合，得酸化缓蚀剂；

(2) 取剩余去离子水质量的40%～50%与十二烷基硫酸钠混合，搅拌均匀，加入正硅酸四乙酯、氧化铝，搅拌条件下滴加氨水，调节pH为7.8～9，搅拌均匀，得硅铝溶胶；

(3) 将十二烯基丁二酸与氢氧化钠混合，搅拌均匀后加入剩余的去离子水中，充分混合，加入硝酸铈，在60～65℃下保温搅拌20～30min，得稀土分散液；

(4) 将斯盘-80加入液压油中，搅拌均匀后加入上述稀土分散液、酸化缓蚀剂、硅铝溶胶，在80～90℃下保温反应20～30min，脱水，即得所述稀土缓蚀液压油。

产品特性 本产品各原料复配合理，特别适用于万能工具显微镜等标准仪器的涂装，具有很好的润滑性，可以保证工件的良好运行，使用时不黏稠，不影响测量精度。

配方148 露天钢轨用防锈油

原料配比

原料	配比(质量份)	原料		配比(质量份)
100SN基础油	50	桉树油		1
75SN基础油	40	成膜助剂		6
中性二壬基萘磺酸钡	3	成膜助剂	十二烯基丁二酸	14
沥青	3		虫胶树脂	2
聚异丁烯	3		双硬脂酸铝	7
环氧大豆油	2		丙二醇甲醚乙酸酯	8
斯盘-80	2		乙二醇单乙醚	0.3
2,6-二叔丁基对甲酚	1		霍霍巴油	0.4

制备方法 将上述100SN基础油与75SN基础油混合加入反应釜中，搅拌加热至100～140℃，脱水，加入中性二壬基萘磺酸钡、沥青、2,6-二叔丁基对

甲酚，继续搅拌，冷却至30～50℃时加入剩余各原料，保温搅拌3～4h，过滤，即得所述露天钢轨用防锈油。

所述的成膜助剂的制备方法：将上述双硬脂酸铝加热到80～90℃，加入丙二醇甲醚乙酸酯，充分搅拌后降低温度至60～70℃，加入乙二醇单乙醚，300～400r/min搅拌分散4～6min，得预混料；将上述十二烯基丁二酸与虫胶树脂在80～100℃下混合，搅拌均匀后加入上述预混料中，充分搅拌后，加入霍霍巴油，冷却至常温，即得所述成膜助剂。

产品特性 本产品具有很好的保护作用，涂膜稳定，可以保持金属在风雨、日晒的环境下具有良好的防锈性能。

配方149 耐腐蚀的防锈油

原料配比

原料	配比(质量份)		
	1#	2#	3#
矿物油(39#机油)	300	400	450
聚甲基丙烯酸十四酯	10	7	5
聚烯烃 PAO_4	15	17	20
石油磺酸钡	3	2	2
二壬基萘磺酸钙	3	2	2
氧化石油脂	20	25	30
甲基硅油	30	20	25
烷基硫代磷酸锌	2	1	1
对苯二胺	5	3	1
2,6-叔丁基-4(-二甲胺甲基)苯酚	1	3	5
羊毛脂	2	3	4
邻苯二甲酸二丁酯	3	5	6
辛酸二环己胺	3	6	4
环氧聚苯胺	3	2	1
十二烷基苯磺酸钙	2	1	1
丁二酸二丁酯	3	2	4
氢化蓖麻油	30	40	50
氢化苯乙烯-双烯共聚物	15	17	20
硼酸镁	3	4	5

制备方法

(1) 在反应釜中加入矿物油，边搅拌边升温到120～130℃；

(2) 边搅拌边加入聚甲基丙烯酸十四脂、聚烯烃 PAO_4、石油磺酸钡、二壬基萘磺酸钙、氧化石油脂、甲基硅油、烷基硫代磷酸锌、对苯二胺、2,6-二叔丁基-4（二甲胺甲基）苯酚、羊毛脂、邻苯二甲酸二丁酯、辛酸二环己胺、环氧聚苯胺、十二烷基苯磺酸钙、丁二酸二丁酯，搅拌2～3h；

（3）降温到40～50℃，边搅拌边加入氢化蓖麻油、氢化苯乙烯-双烯共聚物、硼酸镁，继续搅拌2～3h，过滤，即得。

产品应用 本品是一种耐腐蚀、耐盐雾的防锈油。

产品特性 本产品具有良好的润滑性能，防腐性能也优于同类产品。盐雾试验的耐久性可达108天，温热试验的耐久性可达30天。

配方150 耐腐蚀防锈油

原料配比

原料	配比（质量份）	原料		配比（质量份）
150SN基础油	130	液化石蜡		15
聚4-甲基-1-戊烯	6	成膜助剂		5
石油磺酸钙	3	成膜助剂	古马隆树脂	50
二烷基二硫代磷酸锌	0.8		甲基丙烯酸甲酯	10
羊毛脂	5		异丙醇铝	2
辛酸二环己胺	10		三羟甲基丙烷三丙烯酸酯	3
硼酸钙	4		斯盘-80	0.5
尼泊金丁酯	2		脱蜡煤油	26
油酸聚氧乙烯酯	3		棕榈酸	1
1-羟基苯并三唑	3			

制备方法 在反应釜中加入150SN基础油，边搅拌边升温到120～130℃，在搅拌条件下加入聚4-甲基-1-戊烯、石油磺酸钙、液化石蜡、二烷基二硫代磷酸锌，搅拌1～2h，降低温度到40～45℃，加入剩余各原料，保温搅拌2～3h，过滤出料。

所述的成膜助剂的制备方法：

（1）将上述古马隆树脂加热到75～80℃，加入甲基丙烯酸甲酯，搅拌至常温，加入脱蜡煤油，在60～80℃下搅拌混合30～40min；

（2）将异丙醇铝与棕榈酸混合，球磨均匀，加入三羟甲基丙烷三丙烯酸酯，在80～85℃下搅拌混合3～5min；

（3）将上述处理后的各原料混合，加入剩余原料，500～600r/min搅拌分散10～20min，即得所述成膜助剂。

产品应用 本品主要用于港口机械、船舶机械上的摩擦部位，对盐雾的耐候性好，可以起到很好的润滑、防锈效果。

产品特性 本产品耐腐蚀、耐久性好。

配方151 耐腐蚀金属防锈油

原料配比

原料		配比(质量份)	原料		配比(质量份)
50#机械油		80	防锈助剂		4
氯化十六烷基吡啶		0.8	防锈助剂	古马隆树脂	30
苯甲酸钠		1		四氢糠醇	4
十二烯基丁二酸		5		乙酰丙酮锌	0.6
三甲氧基丁烷		0.5		十二烯基丁二酸半酯	3
三乙醇胺油酸皂		2		150SN基础油	19
松香酸聚氧乙烯酯		3		三羟甲基丙烷三丙烯酸酯	3
羟乙基亚乙基双硬脂酰胺		1			

制备方法

(1) 将上述50#机械油加入反应釜内，在110～120℃下保温搅拌1～2h，加入氯化十六烷基吡啶、苯甲酸钠、十二烯基丁二酸，继续搅拌混合2～3h，脱水；

(2) 加入三乙醇胺油酸皂，降低反应釜温度至70～80℃，搅拌混合1～2h；

(3) 加入剩余各原料，降低温度到30～40℃，充分搅拌，过滤出料。

所述的防锈助剂制备方法：

(1) 将上述古马隆树脂加热到75～80℃，加入乙酰丙酮锌，搅拌混合10～15min，加入四氢糠醇，搅拌至常温；

(2) 将150SN基础油质量的30%～40%与十二烯基丁二酸半酯混合，在100～110℃下搅拌1～2h；

(3) 将上述处理后的各原料混合，加入剩余各原料，100～200r/min搅拌分散30～50min，即得所述防锈助剂。

产品特性 本产品与金属基材的结合力好，能在表面形成一层均质油相防锈层，在潮湿环境下放置至少一年，耐腐蚀和耐湿热性能强，对金属基材的保护效果好。

配方152 耐腐蚀金属管道防锈油

原料配比

原料	配比(质量份)	原料	配比(质量份)
烃基丁二酸	0.5	500SN基础油	80
磷酸氢钙	2	1-羟乙基-2-油基咪唑啉	0.5
聚乙烯苯磺酸	1	甲壳素	1
硼酸三丁酯	3	饱和十八碳酰胺	0.6
油酸钾皂	7	硬脂酸钙	2

续表

原料		配比（质量份）	原料		配比（质量份）
聚酰亚胺		0.4	抗剥离机械油	斯盘-80	3
壬二酸二辛酯		4		硝酸镧	3～4
抗剥离机械油		6		机械油	100
抗剥离机械油	聚乙二醇单甲醚	2		磷酸二氢锌	10
	2,6-二叔丁基-4-甲基苯酚	0.2		28%氨水	50
	松香	6		去离子水	30
	聚氨酯丙烯酸酯	1～2		硅烷偶联剂 KH560	0.2

制备方法

（1）将磷酸氢钙、硬脂酸钙混合，搅拌均匀后加入硼酸三丁酯，在60～70℃下保温搅拌5～10min，加入油酸钾皂，搅拌至常温，得皂化料；

（2）将饱和十八碳酰胺用3～5倍水溶解，搅拌均匀后加入甲壳素、皂化料、上述500SN基础油质量的10%～20%，搅拌均匀后脱水，在90～100℃下搅拌混合10～20min；

（3）将上述处理后的各原料加入反应釜中，加入剩余的500SN基础油，在100～120℃下搅拌混合20～30min，加入壬二酸二辛酯，降低温度到80～90℃，脱水，搅拌混合2～3h；

（4）将反应釜温度降低到50～60℃，加入剩余各原料，不断搅拌至常温，过滤出料。

所述的抗剥离机械油制备方法如下：

（1）将聚乙二醇单甲醚与2,6-二叔丁基-4-甲基苯酚混合加入去离子水中，搅拌均匀，得聚醚分散液；

（2）将松香与聚氨酯丙烯酸酯混合，在75～80℃下搅拌10～15min，得酯化松香；

（3）将磷酸二氢锌加入28%氨水中，搅拌混合6～10min，加入混合均匀的硝酸镧与硅烷偶联剂KH560的混合物，搅拌均匀，得稀土氨液；

（4）将斯盘-80加入机械油中，搅拌均匀后依次加入上述酯化松香、稀土氨液、聚醚分散液，在100～120℃下保温反应20～30min，脱水，即得所述抗剥离机械油。

产品应用 本品主要用作金属管道的防锈处理，具有很好的耐腐蚀性。

产品特性 本产品能保护金属表面不受水分、空气、化学品及其他腐蚀品侵害，防锈性好，不含亚硝酸盐等致癌物质，废液容易处理，特别适合于金属管道的防锈处理，具有很好的耐腐蚀性。

配方153 耐腐蚀、耐盐雾的脂型防锈油

原料配比

原料		配比（质量份）	原料		配比（质量份）
鲸蜡硬脂醇硫酸酯钠		13	保护剂	乙烯-醋酸乙烯共聚物	9
硬脂酸钡		4		甲基丙烯酸酯	7
固体石蜡		39		聚酯乳液	12
矿物油		11		交联剂 TAIC	1
煤油		9		醇酯十二	2
氧化石油脂		2		松油醇	1.5
二壬基萘磺酸钙		6		亚麻籽油	2
丁二酸二丁酯		2		甘油	5
山梨醇酯		1		沉淀碳酸钙	3
耐盐雾剂 ZT-719		1		硅石粉	1.6
防霉剂 OBPA		0.1		超细氢氧化镁	2
保护剂		2.5		顺丁烯二酸酐	3

制备方法

（1）将矿物油中加入鲸蜡硬脂醇硫酸酯钠中，搅拌均匀，继续加入固体石蜡，充分研磨 1.5～2h；

（2）将硬脂酸钡、氧化石油脂、二壬基萘磺酸钙混合均匀，加热至 100～120℃，保温 60～90min，然后降温至 50～60℃，加入丁二酸二丁酯、山梨醇酯，保温反应 30～40min；

（3）将步骤（1）与步骤（2）的物料混合，加入保护剂，以 350～400r/min 的速度搅拌 30～40min，加入剩余成分，加热至 60～70℃，继续搅拌 1.5～2h，冷却至室温即得本防锈油。

所述的保护剂的制备方法：首先将沉淀碳酸钙、硅石粉、超细氢氧化镁混合，加入亚麻籽油、甘油，搅拌研磨 60～80min，形成分散体；然后将乙烯-醋酸乙烯共聚物、甲基丙烯酸酯、交联剂 TAIC 混合，加热至 90～105℃，搅拌反应 2～3h，再降温至 50～60℃，加入剩余成分，以 400～500r/min 的速度搅拌 30～40min；最后冷却至室温，加入分散体，充分搅拌均匀即得保护剂。

产品特性　本产品配方科学合理，添加了防霉剂 OBPA 以及耐盐雾剂 ZT-719，提高了防锈油的综合性能；保护剂的添加能够在金属表面形成牢固的吸附膜，防止水和氧的侵蚀导致生锈，而且耐高温、防火；本产品油膜适中，不易流失，不易开裂，有效地保护金属器械，延长使用寿命。

配方154 耐腐蚀脂型防锈油

原料配比

原料	配比（质量份）	原料		配比（质量份）
N32 #机械油	16	保护剂	聚羟乙基硅氧烷乳液	8
灯用煤油	12		聚乙烯醇缩丁醛	3
十二烯基丁二酸	4		天然胶乳	5
二壬基萘磺酸钡	3		石墨乳	3
聚甲基丙烯酸十四酯	1		有机膨润土	2
聚乙烯粉末	2.5		氢化蓖麻油	4
凡士林	48		十二烷基聚氧乙烯醚	2
二甲硅油	12		E-12 环氧树脂	19
橄榄油	2		苯甲醇	4
尼泊金丁酯	1		尿素	2
对氨基苯磺酸钠	1		棕榈酸异丙酯	3
乙二醇脂肪酸酯	1		亚油酸钠	1
保护剂	5			

制备方法

（1）将 N32 #机械油、灯用煤油放在研钵中，加入二甲硅油、橄榄油，分次加入凡士林，研磨均匀形成糊状物；

（2）将聚甲基丙烯酸十四酯、聚乙烯粉末混合，加热至 90～110℃，保温 20～30min，降温至 65～75℃，加入十二烯基丁二酸、二壬基萘磺酸钡，继续搅拌 15～25min；

（3）将步骤（1）的糊状物与步骤（2）的物料混合，加入保护剂，以 200～300r/min 的速度搅拌 30～40min，然后加入剩余成分，加热至 60～80℃，继续搅拌 1.5～2h，冷却至室温即得本防锈油。

所述的保护剂的制备方法：首先将石墨乳与有机膨润土混合，加入氢化蓖麻油，搅拌研磨 60～80min，形成分散体；然后将 E-12 环氧树脂、苯甲醇、尿素、天然胶乳混合，加热至 85～110℃，搅拌反应 2～3h，降温至 60～70℃，加入剩余成分，以 300～500r/min 的速度搅拌 20～30min；最后冷却至室温，加入分散体，充分搅拌均匀即得保护剂。

产品特性 本产品通过特殊工艺采用多种防锈成分制成脂型防锈油，防锈效果显著。添加了尼泊金丁酯，其耐腐蚀，品质稳定，耐久性好；添加了保护剂，其具有良好的防水、润滑效果，能够在金属表面形成牢固的疏水膜，防止水和氧的侵蚀导致生锈。本产品可用于金属的长期封存或者金属紧固件防锈，使用方便。本产品为光滑均匀的油膏，可以室温涂覆或加热涂覆。耐盐雾实验：在 35℃下，经过150h，45＃钢无腐蚀；耐湿热实验：在50℃下，经过700h，45＃钢无腐蚀。

配方155 耐高温润滑脂型防锈油

原料配比

<table>
<tr><th>原料</th><th>配比（质量份）</th><th colspan="2">原料</th><th>配比（质量份）</th></tr>
<tr><td>二甲硅油</td><td>13</td><td rowspan="12">保护剂</td><td>乙烯-醋酸乙烯共聚物</td><td>9</td></tr>
<tr><td>豚脂</td><td>19</td><td>甲基丙烯酸酯</td><td>7</td></tr>
<tr><td>凡士林</td><td>36</td><td>聚酯乳液</td><td>12</td></tr>
<tr><td>十六酸甲酯</td><td>1</td><td>交联剂 TAIC</td><td>1</td></tr>
<tr><td>7＃机械油</td><td>12</td><td>醇酯十二</td><td>2</td></tr>
<tr><td>桐油</td><td>7</td><td>松油醇</td><td>1.5</td></tr>
<tr><td>聚四氟乙烯超细粉</td><td>3</td><td>亚麻籽油</td><td>2</td></tr>
<tr><td>硅石粉</td><td>3</td><td>甘油</td><td>5</td></tr>
<tr><td>多聚磷酸铵</td><td>0.6</td><td>沉淀碳酸钙</td><td>3</td></tr>
<tr><td>α-羟基十八酸</td><td>1</td><td>硅石粉</td><td>1.6</td></tr>
<tr><td>氧化石油脂钡皂</td><td>5</td><td>超细氢氧化镁</td><td>2</td></tr>
<tr><td>保护剂</td><td>2.5</td><td>顺丁烯二酸酐</td><td>3</td></tr>
</table>

制备方法

（1）将桐油与二甲硅油混合，加入硅石粉、豚脂，再分次加入凡士林，充分研磨2～2.5h；

（2）将α-羟基十八酸、氧化石油脂钡皂混合均匀，加热至60～80℃，保温40～60min，降温至50～60℃，加入十六酸甲酯、多聚磷酸铵，保温反应30～40min；

（3）将步骤（1）与步骤（2）的物料混合，加入保护剂，以200～300r/min的速度搅拌30～40min，加入剩余成分，加热至60～80℃，继续搅拌1.5～2h，冷却至室温即得本防锈油。

所述的保护剂的制备方法：首先将沉淀碳酸钙、硅石粉、超细氢氧化镁混合，加入亚麻籽油、甘油，搅拌研磨60～80min，形成分散体；然后将乙烯-醋酸乙烯共聚物、甲基丙烯酸酯、交联剂TAIC混合，加热至90～105℃，搅拌反应2～3h，降温至50～60℃，加入剩余成分，以400～500r/min的速度搅拌30～40min；最后冷却至室温，加入分散体，充分搅拌均匀即得保护剂。

产品应用 本品主要用于电梯绳索、起重机等的防锈、润滑。

产品特性 本产品添加了硅石粉、多聚磷酸铵等耐高温成分，可防止其变质；添加了聚四氟乙烯超细粉和保护剂，使其在金属表面形成牢固的吸附膜，防止水和氧的侵蚀导致生锈，而且增加了润滑性以及高温稳定性。本产品防锈、润滑效果优异，油膜稳定，不易流失。

配方156 耐盐雾防锈油

原料配比

原料	配比(质量份)	原料		配比(质量份)
75SN 基础油	65	成膜助剂	氯丁橡胶 CR121	60
32 # 机械油	20		EVA 树脂(VA 含量 28%)	30
石油磺酸钠	2		二甲苯	40
环烷酸锌	5		聚乙烯醇	10
十二烯基丁二酸半酯	4		羟乙基亚乙基双硬脂酰胺	1
山梨醇酐单硬脂酸酯	2		2-正辛基-4-异噻唑啉-3-酮	4
脂肪醇聚氧乙烯醚	2		甲基苯并三氮唑	3
叔丁基对二苯酚	3		甲基三乙氧基硅烷	2
二聚酸	2～5		十二烷基聚氧乙烯醚	3
成膜助剂	4		过氧化二异丙苯	2
二烷基二苯胺	1～2		2,5-二甲基-2,5-二(叔丁基过氧化)己烷	0.8
N-苯基-2-萘胺	2			
气相二氧化硅	3			

制备方法

(1) 将上述 75SN 基础油、32 # 机械油加入反应釜中，搅拌，加热到 110～120℃；

(2) 加入上述石油磺酸钠，加热搅拌使其溶解；

(3) 加入上述环烷酸锌、十二烯基丁二酸半酯、二聚酸、*N*-苯基-2-萘胺，连续脱水 1～1.5h，降温至 55～60℃；

(4) 加入上述叔丁基对二苯酚、山梨醇酐单硬脂酸酯，在 55～60℃下保温搅拌 3～4h；

(5) 加入剩余各原料，充分搅拌，降低温度至 35～38℃，过滤出料。

所述的成膜助剂的制备包括以下步骤：

(1) 将上述氯丁橡胶 CR121 加入密炼机内，在 70～80℃下单独塑炼 10～20min，然后出料冷却至常温；

(2) 将上述 EVA 树脂、羟乙基亚乙基双硬脂酰胺、2-正辛基-4-异噻唑啉-3-酮、甲基苯并三氮唑、十二烷基聚氧乙烯醚混合，在 90～100℃下反应 1～2h，加入上述塑炼后的氯丁橡胶，降低温度到 80～90℃，继续反应 40～50min，加入剩余各原料，在 60～70℃下反应 4～5h。

产品特性 本产品不易变色，不易氧化，不影响工件的外观，综合性能优异，具有高的耐盐雾性、耐湿热性、耐老化性等，可清洗性能好。加入的成膜助剂改善了油膜的表面张力，使得喷涂均匀，在金属工件表面的铺展性能好，形成的油膜均匀稳定，提高了对金属的保护作用。

配方157 耐盐雾金属防锈油

原料配比

原料	配比(质量份)	原料		配比(质量份)
500SN 基础油	65	二甲基硅油		12
苯甲醚	3.0	成膜剂	苯乙烯	20
成膜剂	5.0		二甲苯	4
3-氨丙基三甲氧基硅烷	4.5		乙二醇二缩水甘油醚	2.5
二烷基二硫代磷酸锌	0.4		E-12 环氧树脂	10
亚乙基双硬脂酰胺	1.5		甲乙酮	17
纳米陶瓷粉体	2.5		乌洛托品	1.4
E-42 环氧树脂	6.0		乙烯基三甲氧基硅烷	1.5
聚二甲基硅氧烷	3.8		交联剂 TAIC	1.6
烯基丁二酸酯	20			

制备方法

(1) 按组成原料的质量份量取 500SN 基础油加入反应釜中，搅拌加热，至120～150℃时加入烯基丁二酸酯，反应 10～20min；

(2) 在步骤 (1) 的物料中加入成膜剂、二烷基二硫代磷酸锌和 E-42 环氧树脂，继续搅拌 1h，冷却至 30～40℃；

(3) 在步骤 (2) 的物料中按组成原料的质量份加入其他组成原料，继续搅拌 2～4h 过滤，即得成品。

所述的成膜剂的制备方法如下：

(1) 将苯乙烯、二甲苯、乙二醇二缩水甘油醚、E-12 环氧树脂混合加入反应釜中，在 70～110℃下反应 2～3h；

(2) 在步骤 (1) 的反应釜中加入甲乙酮、乌洛托品、乙烯基三甲氧基硅烷、交联剂 TAIC，搅拌混合，在 50～80℃下反应 3～5h，即得成膜助剂。

产品特性 本产品在金属表面的附着力好、干燥快、耐盐雾性能好、环保无污染。以 500SN 基础油为主料，并添加了成膜剂，成膜速度快，表面不易氧化，不影响工件的外观，综合性能好，而且制备方法简单，成本低，适合大规模生产。

配方158 尿素气相缓释防锈油

原料配比

原料	配比(质量份)	原料	配比(质量份)
120＃溶剂油	150	六次甲基四胺	1
二茂铁	2	2-甲基咪唑啉	2
聚异丁烯	2	尿素	2.5

续表

原料		配比（质量份）
1-羟基苯并三氮唑		2.5
苯并三氮唑		2.5
2-氨乙基十七烯基咪唑啉		2.5
α-羟基苯并三氮唑		2
二烷基二硫代磷酸锌		3.5
二甲基硅油		6
十二烷基苯磺酸钠		2.5
二(2-乙基己基)衣康酸酯		13
成膜树脂		6
改性凹凸棒土		1
成膜树脂	松香	5～8
	锌粉	2～5
	十二烷基醚硫酸钠	3～5
	液化石蜡	15～18
	3-氨丙基三甲氧基硅烷	3～5
	三乙烯二胺	10～15
	环氧大豆油	10～13
	二甲苯	10～15
	交联剂 TAIC	5～8
改性凹凸棒土	凹凸棒土	100
	15%～20%双氧水	适量
	去离子水	适量
	氢氧化铝粉	1～2
	钼酸钠	2～3
	交联剂 TAC	1～2

制备方法 首先制备成膜树脂和改性凹凸棒土，然后按配方要求将各种成分在80～90℃下混合搅拌30～40min，冷却后过滤即可。

所述的成膜树脂按以下步骤制成：

(1) 将十二烷基醚硫酸钠、液化石蜡、3-氨丙基三甲氧基硅烷、三乙烯二胺、环氧大豆油、二甲苯、交联剂 TAIC 加入不锈钢反应釜中，升温至110℃±5℃，开动搅拌加入松香、锌粉；

(2) 以30～40℃/h的速率升温到205℃±2℃；

(3) 当酸值（以 KOH 计）达到15mg/g以下时停止加热，放至稀释釜；

(4) 冷却到70℃±5℃搅匀得到成膜树脂。

所述的改性凹凸棒土按以下步骤制成：

(1) 凹凸棒土用15%～20%双氧水泡2～3h后，再用去离子水洗涤至中性，烘干；

(2) 在凹凸棒土中，加入氢氧化铝粉、钼酸钠和交联剂 TAC，高速（4500～4800r/min）搅拌20～30min，烘干粉碎成500～600目粉末。

产品应用 本品是一种气相防锈油，用于武器装备和民用金属材料的长期防锈，主要用于密闭内腔系统，对各种金属多有防锈功能。

产品特性

(1) 本产品既具有接触性防锈特性，又具有气相防锈性能。

(2) 本气相防锈油对炮钢、A3钢、45#钢、20#钢、黄铜、镀锌、镀铬等多种金属具有防锈作用，广泛应用于机械设备等内腔以及其他接触或非接触的金属部位的防锈。

配方159 牛脂胺气相缓释防锈油

原料配比

原料	配比(质量份)
120#溶剂油	150
二茂铁	2.5
聚异丁烯	2
苯甲酸环己胺	3
苯并三氮唑	1.5
2-氨乙基十七烯基咪唑啉	1.5
牛脂胺	1.5
二烷基二硫代磷酸锌	6
十二烷基苯磺酸钠	2.5
二甲基硅油	5
顺丁烯二酸二丁酯	12
成膜树脂	5.5
改性凹凸棒土	1.5

原料		配比(质量份)
成膜树脂	十二烷基醚硫酸钠	4
	液化石蜡	16
	3-氨丙基三甲氧基硅烷	4
	三乙烯二胺	13
	环氧大豆油	12
	二甲苯	14
	交联剂 TAIC	7
	松香	4
	锌粉	3
改性凹凸棒土	凹凸棒土	100
	15%～20 双氧水	适量
	去离子水	适量
	氢氧化铝粉	1～2
	钼酸钠	2～3
	交联剂 TAC	1～2

制备方法 首先制备成膜树脂和改性凹凸棒土，然后按配方要求将各种成分在 80～90℃下混合搅拌 30～40min，冷却后过滤即可。

所述的成膜树脂按以下步骤制成：

(1) 将十二烷基醚硫酸钠、液化石蜡、3-氨丙基三甲氧基硅烷、三乙烯二胺、环氧大豆油、二甲苯、交联剂 TAIC 加入不锈钢反应釜中，升温至 110℃±5℃，开动搅拌加入松香、锌粉；

(2) 以 30～40℃/h 的速率升温到 205℃±2℃；

(3) 当酸值（以 KOH 计）达到 15mg/g 以下时停止加热，放至稀释釜；

(4) 冷却到 70℃±5℃搅匀得到成膜树脂。

所述的改性凹凸棒土按以下步骤制成：

(1) 凹凸棒土用 15%～20%双氧水泡 2～3h 后，再用去离子水洗涤至中性，烘干；

(2) 在凹凸棒土中，加入氢氧化铝粉、钼酸钠和交联剂 TAC，高速（4500～4800r/min）搅拌 20～30min，烘干粉碎成 500～600 目粉末。

产品应用 本品是一种气相防锈油，用于武器装备和民用金属材料的长期防锈，主要用于密闭内腔系统，对各种金属多有防锈功能。

产品特性 本品既具有接触性防锈特性，又具有气相防锈性能；本气相防锈油对炮钢、A3 钢、45#钢、20#钢、黄铜、镀锌、镀铬等多种金属具有防锈作用，可以广泛应用于机械设备等内腔以及其他接触或非接触的金属部位的防锈。

配方160 普碳钢冷轧板防锈油

原料配比

原料	配比(质量份)				
	1#	2#	3#	4#	5#
石油磺酸镁	15	17	15.5	16.5	16
环烷酸锌	10	8	9.5	8.5	9
N-油酰肌氨酸十八胺	12	14	12.5	13.5	13
壬基酚聚氧乙烯醚	7	6	6.7	6.3	6.5
天然动植物油脂	16	18	16.5	17.5	17
2,6-二叔丁基对甲酚	6	4	5.5	4.5	5
2,6-二叔丁基酚	3	5	3.5	4.5	4
矿物油(运动黏度 33～35mm^2/s)	加至100	加至100	加至100	加至100	加至100

制备方法

(1) 将石油磺酸镁、环烷酸锌、N-油酰肌氨酸十八胺在常温下混合，搅拌均匀待用；

(2) 在恒温浴中将矿物油加热至70～80℃，加入天然动植物油脂，搅拌3～5min，然后加入步骤(1)的混合物，并保持温度为70～80℃搅拌20～30min；

(3) 在70～80℃下向步骤(2)获得的混合物中加入壬基酚聚氧乙烯醚、2,6-二叔丁基对甲酚、2,6-二叔丁基酚，然后搅拌30～40min，得防锈油组合物。

产品特性 本产品具有良好的润滑性能，可减小钢板卷曲时钢板与钢板之间的摩擦，防止钢板表面划伤，保持较好的表面质量，使防锈性能大大增强。本产品的湿热试验可以长达60天，叠片试验可以长达90天。涂油后的钢板按照防锈工艺包装后，在包装完好的情况下，在正常储存和运输条件下能保持18个月不生锈。

配方161 普碳钢冷轧板用防锈油

原料配比

原料	配比(质量份)	原料		配比(质量份)
46#机械油	90	天然动植物油脂		10
肉豆蔻酸异丙酯	1	成膜助剂		3
N-油酰肌氨酸十八胺盐	13	成膜助剂	古马隆树脂	50
羊毛脂	7		甲基丙烯酸甲酯	10
脂肪醇聚氧乙烯醚	0.6		异丙醇铝	2
2-氨乙基十七烯基咪唑啉	2		三羟甲基丙烷三丙烯酸酯	3
硬脂酸	5		斯盘-80	0.5
油酸三乙醇胺	1		脱蜡煤油	26
石油磺酸钙	7		棕榈酸	2

制备方法

（1）将 N-油酰肌氨酸十八胺盐、硬脂酸、羊毛脂在常温下混合搅拌均匀；

（2）在反应釜中加入 46 # 机械油，边搅拌边升温到 90～100℃，在搅拌条件下加入天然动植物油脂，保温搅拌 1～2h，加入步骤（1）的混合料，在 80～90℃下搅拌混合 40～50min，加入剩余各原料，保温搅拌 2～3h，过滤出料。

所述的成膜助剂的制备方法：

（1）将上述古马隆树脂加热到 75～80℃，加入甲基丙烯酸甲酯，搅拌至常温，加入脱蜡煤油，在 60～80℃下搅拌混合 30～40min；

（2）将异丙醇铝与棕榈酸混合，球磨均匀，加入三羟甲基丙烷三丙烯酸酯，在 80～85℃下搅拌混合 3～5min；

（3）将上述处理后的各原料混合，加入剩余原料，500～600r/min 搅拌分散 10～20min，即得所述成膜助剂。

产品特性 本产品具有良好的润滑性能，可减小钢板卷曲时钢板与钢板之间的摩擦，防止钢板表面划伤，保持较好的表面质量，使防锈性能大大增强。经涂覆本产品的工件，在包装完好的情况下，在正常储存和运输条件下能保持 16 个月不生锈。

配方162 气相防锈油

原料配比

原料	配比(质量份)	原料		配比(质量份)
50 # 机械油	60	成膜助剂		2
25 # 变压油	15	聚氧丙烯甘油醚		0.4
松香酸聚氧乙烯酯	5	成膜助剂	干性油醇酸树脂	40
烯基丁二酸	3		六甲氧甲基三聚氰胺树脂	3
烷基酚聚氧乙烯醚	1		桂皮油	2
邻苯二甲酸二丁酯	3		聚乙烯吡咯烷酮	1
环氧酸镁	2		N-苯基-2-萘胺	0.3
2-氨乙基十七烯基咪唑啉	1		甲基三乙氧基硅烷	0.2

制备方法 将上述 50 # 机械油与 25 # 变压油混合，在 100～110℃下搅拌反应 15～20min，加入松香酸聚氧乙烯酯、烯基丁二酸、烷基酚聚氧乙烯醚、环氧酸镁，充分搅拌后加入剩余各原料，在 85～90℃下保温搅拌 2～3h，过滤出料，即得所述气相防锈油。

所述的成膜助剂的制备方法：

将上述干性油醇酸树脂与桂皮油混合，在 90～100℃下保温搅拌 6～8min，降低温度到 55～65℃，加入六甲氧甲基三聚氰胺树脂，充分搅拌后加入甲基三乙氧基硅烷，200～300r/min 搅拌分散 10～15min，升高温度到 130～135℃，加入剩余各原料，保温反应 1～3h，冷却至常温，即得所述成膜助剂。

产品特性 本产品既具有接触性防锈特性，又具有气相防锈性能，可以广泛应用于多种金属材料。

配方163 气相金属防锈油

原料配比

原料	配比(质量份)	原料		配比(质量份)
50＃机械油	70	1-羟基苯并三唑		2
苯甲酸钠	1	成膜助剂		13
硫磷丁辛基锌盐 T202	3	成膜助剂	古马隆树脂	40
聚醚	4		植酸	3
氧化烷基胺聚氧乙烯醚	2		乙醇	4
氨基硅油	2		三乙醇胺油酸皂	0.8
聚乙二醇1000	0.2		*N*,*N*-二甲基甲酰胺	3
三硼酸钾	0.1		三羟甲基丙烷三丙烯酸酯	7
中性二壬基萘磺酸钡	5		120＃溶剂油	16

制备方法 将上述成膜助剂与聚乙二醇1000混合，在60～80℃下搅拌20～30min，加入苯甲酸钠、1-羟基苯并三唑，连续脱水30～40min，加入50＃机械油、中性二壬基萘磺酸钡，在110～120℃下搅拌混合2～3h，降低温度到50～60℃，然后加入其余原料，搅拌均匀后过滤出料，即得所述气相防锈油。

所述的成膜助剂的制备方法：

(1) 将上述植酸与*N*,*N*-二甲基甲酰胺混合，在50～70℃下搅拌3～5min，加入乙醇，混合均匀；

(2) 将三羟甲基丙烷三丙烯酸酯与120＃溶剂油混合，在90～100℃下搅拌40～50min，加入古马隆树脂，降低温度到80～85℃，搅拌混合15～20min；

(3) 将上述处理后的各原料混合，加入剩余各原料，700～800r/min搅拌分散10～20min，即得所述成膜助剂。

产品特性 本产品使用安全，环保性好，特别适用于一些结构复杂的工件，对细小孔隙的零件或组合件的细缝处具有很好的缓蚀效果。

配方164 气相防腐防锈油

原料配比

原料		配比(质量份)					
		1＃	2＃	3＃	4＃	5＃	6＃
基础油	500SN基础油	91	—	—	—	—	—
	46＃机械油	—	85	—	—	—	—
	32＃机械油	—	—	82	—	—	—
	150＃机械油	—	—	—	73	—	—
	600SN基础油	—	—	—	—	75	—
	100＃机械油	—	—	—	—	—	71

续表

原料		配比(质量份)					
		1#	2#	3#	4#	5#	6#
油溶性气相缓蚀剂	苯并三氮唑、十八胺、三唑三丁胺和石油磺酸钠的混合物(2∶1∶2∶1)	5	—	—	—	—	—
	2-乙氨基十七烯基咪唑啉、十八胺、三唑三丁胺和碳酸二环己胺的混合物(1∶3∶2∶1)	—	7	—	—	—	—
	亚硝酸二环己胺、苯并三氮唑、山梨醇酐单油酸酯和硬脂酸的混合物(3∶1∶1∶2)	—	—	10	—	—	—
	苯并三氮唑	—	—	—	11	—	—
	苯并三氮唑、铬酸叔丁酯、环烷酸皂和石油磺酸钠的混合物(1∶2∶2∶1)	—	—	—	—	20	—
	苯并三氮唑、铬酸叔丁酯、山梨醇酐单油酸酯和硬脂酸的混合物(1∶1∶1∶1)	—	—	—	—	—	25
防锈剂	石油磺酸钙	1	—	2	—	1	1
	石油磺酸钡	—	2	—	—	—	—
	碱性二壬基萘磺酸钡	—	—	—	5	—	—
助溶剂	苯甲酸钠	1	—	—	—	1	—
	乙酰胺	—	1	—	—	—	—
	水杨酸钠	—	—	3	—	—	—
	对氨基苯甲酸	—	—	—	6	—	—
	水杨酸钠和乙醇的混合物(1∶1)	—	—	—	—	—	1
防霉剂	苯酚	0.5	—	0.7	—	1	—
	五氯酚	—	0.9	—	—	—	—
	8-羟基喹啉铜	—	—	—	0.8	—	—
	氟化钠	—	—	—	—	—	0.5
消泡剂	有机硅消泡剂	0.5	—	—	—	1	—
	聚醚改性硅	—	0.6	—	—	—	—
	有机硅消泡剂和聚醚的混合物(1∶1)	—	—	0.8	—	—	—
	聚醚	—	—	—	0.7	—	—
	有机硅消泡剂和聚醚改性硅的混合物(1∶1)	—	—	—		—	0.5
抗氧剂	硫磷丁辛基锌	1	3.5	1.5	3.5	1	1

制备方法 在反应釜中将基础油加热到80℃，保温；在低于120℃的条件下，在油溶性气相缓蚀剂中加入助溶剂，加热溶化；当油溶性气相缓蚀剂完全熔化后，再慢慢地加到反应釜中，边加边搅拌，然后依次加入防锈剂、防霉剂、消泡剂和抗氧剂，在90℃的反应釜中保温搅拌2h，制成气相防锈油。

产品特性 本产品利用气相缓蚀剂在常温下自动挥发出气体在金属表面形成

保护膜，起到抑制金属腐蚀、生锈的作用。本产品将基础油和油溶性气相缓蚀剂结合制成气相防锈油，在防锈封存时，油粘不到的部位也由于气相防锈剂的作用而受到保护；其组分中不含亚硝酸钠等有毒成分和有机溶剂、羊脂等易形成灰的成分，安全环保，使用后工作环境清洁，省去了脱脂工序，节省了劳动力和材料，提高了劳动效率，降低了成本。

配方165 气相金属防腐防锈油

原料配比

原料	配比(质量份)	原料		配比(质量份)
32＃机械油	90	成膜助剂	古马隆树脂	50
气相缓蚀剂	16		甲基丙烯酸甲酯	10
氟化钠	2		异丙醇铝	1
N-苯基-2-萘胺	0.8		三羟甲基丙烷三丙烯酸酯	5
二异丙基乙醇胺	1		斯盘-80	0.5
对氨基苯甲酸	4		脱蜡煤油	26
乙酸异丁酸蔗糖酯	2		棕榈酸	1
羟乙基油酸咪唑啉甜菜碱	0.3	气相缓蚀剂	苯甲酸单乙醇胺	2
硫代二丙酸二月桂酯	2～4		甘油	5
甲基三甲氧基硅烷	0.3		钼酸钠	0.5
成膜助剂	5			

制备方法

(1) 将上述32＃机械油加热到80～90℃，加入气相缓蚀剂，升高温度到110～118℃，搅拌均匀后加入甲基三甲氧基硅烷、氟化钠，搅拌混合1～2h；

(2) 将成膜助剂与硫代二丙酸二月桂酯混合，在90～100℃下搅拌加热30～40min；

(3) 将上述处理后的各原料混合，连续脱水1～2h，降温至70～80℃，加入剩余各原料，保温搅拌2～3h，过滤出料。

所述的成膜助剂的制备方法：

(1) 将上述古马隆树脂加热到75～80℃，加入甲基丙烯酸甲酯，搅拌至常温，加入脱蜡煤油，在60～80℃下搅拌混合30～40min；

(2) 将异丙醇铝与棕榈酸混合，球磨均匀，加入三羟甲基丙烷三丙烯酸酯，在80～85℃下搅拌混合3～5min；

(3) 将上述处理后的各原料混合，加入剩余原料，500～600r/min搅拌分散10～20min，即得所述成膜助剂。

原料介绍 所述的气相缓蚀剂是由苯甲酸单乙醇胺、甘油、钼酸钠混合组成的。

产品应用 本品主要应用于发动机、压缩机等的专用齿轮箱防锈。

产品特性 本产品能在金属表面形成稳定的保护膜，起到抑制金属腐蚀、生锈的作用，耐候性强，稳定性好。

配方166 气相缓释防锈油

原料配比

原料	配比(质量份)	原料		配比(质量份)
亚硝酸二环己胺	4	防锈剂 T706		4
羟肟酸	0.2	成膜机械油		5
羊毛脂	5	成膜机械油	去离子水	60
氢化蓖麻油	5		十二碳醇酯	7
乌洛托品	1		季戊四醇油酸酯	2
椰油酸二乙醇酰胺	2		交联剂 TAIC	0.2
蓖麻油酸钙	2		三乙醇胺油酸皂	3
苯二甲酸二丁酯	2		硝酸镧	4
烯丙基硫脲	0.5		机械油	100
二烷基二硫代磷酸锌	0.4		磷酸二氢锌	10
250SN 基础油	70		28%氨水	50
甘露醇	2		硅烷偶联剂 KH560	0.2

制备方法

(1) 将亚硝酸二环己胺加入羊毛脂中，搅拌均匀后加入氢化蓖麻油、椰油酸二乙醇酰胺，搅拌均匀，得乳化缓蚀剂；

(2) 将防锈剂 T706 与苯二甲酸二丁酯混合，在 50～60℃下保温搅拌 10～20min，加入乳化缓蚀剂，升高温度到 100～110℃，加入上述 250SN 基础油质量的 10%～20%，保温搅拌 20～30min；

(3) 将上述处理后的原料加入反应釜中，加入剩余的 250SN 基础油，在 100～120℃下搅拌混合 20～30min，加入乌洛托品，降低温度到 80～90℃，脱水，搅拌混合 2～3h；

(4) 将反应釜温度降低到 50～60℃，加入剩余各原料，不断搅拌至常温，过滤出料。

所述的成膜机械油的制备方法：

(1) 取上述三乙醇胺油酸皂质量的 20%～30%加入季戊四醇油酸酯中，在 60～70℃下搅拌混合 30～40min，得乳化油酸酯；

(2) 将十二碳醇酯加入去离子水中，搅拌条件下依次加入乳化油酸酯、交联剂 TAIC，在 73～80℃下搅拌混合 1～2h，得成膜助剂；

(3) 将磷酸二氢锌加入 28%氨水中，搅拌混合 6～10min，加入混合均匀的硝酸镧与硅烷偶联剂 KH560 的混合物，搅拌均匀，得稀土氨液；

(4) 将剩余的三乙醇胺油酸皂加入机械油中，搅拌均匀后加入上述成膜助剂、稀土氨液，在 120～125℃下保温反应 20～30min，脱水，即得所述成膜机械油。

产品特性 本产品具有很好的防锈效果，防锈时间长。亚硝酸二环已胺作为气相缓释剂，与椰油酸二乙醇酰胺混合乳化，可以增强各物料间的相容性，提高成品成膜的稳定性。

配方167 气相缓释金属防锈油

原料配比

原料	配比(质量份)			原料	配比(质量份)		
	1#	2#	3#		1#	2#	3#
120#溶剂油	25	50	70	二烷基二硫代磷酸锌	7	8	11
二茂铁	3	6	9	石油磺酸钠	8	10	12
聚异丁烯	4	6	8	十二烯基丁二酸	4	10	16
六次甲基四胺	2	4	5	亚硝酸二环己胺	5	7	8
2-甲基咪唑啉	3	5	6	乙醇	6	9	12
尿素	4	5	6	碳氢溶液	3	8	11
苯并三氮唑	6	8	10	铬酸叔丁酯	2	4	5
2-氨乙基十七烯基咪唑啉	1	6	8	二甲基硅氧烷	1	7	10
α-羟基苯并三氮唑	3	6	9	环烷酸锌	4	7	10

制备方法 将各组分原料混合均匀即可。

产品应用 本品是一种气相缓释防锈油组合物。

产品特性

(1) 本产品具有良好的气相防锈性能，又具有优异的接触防锈效果，可以广泛应用于机械设备等内腔以及其他接触或非接触的金属部位的防锈。

(2) 本产品安全环保，使用后工作环境清洁，省去了脱脂工序，节省了劳动力和材料，提高了劳动效率，降低了成本。

配方168 汽车钢板防锈油

原料配比

原料	配比(质量份)	原料		配比(质量份)
烯基琥珀酸酐	0.6	抗磨机械油	棕榈酸	0.5
100SN基础油	70		萜烯树脂	2
茶皂素	1		T321硫化异丁烯	7
钛酸酯偶联剂201	2		蓖麻油酸	6
乙酰柠檬酸三乙酯	4		丙三醇	30
天然胶乳	3		浓硫酸	适量
硬脂酸钙	1		磷酸二氢锌	10
二异氰酸酯	3		28%氨水	50
防锈剂T705	5		单硬脂酸甘油酯	1
二丙二醇甲醚乙酸酯	1		机械油	80
1,4-环己烷二甲醇	0.6		硝酸镧	3
苯扎溴铵	0.5		硅烷偶联剂KH560	0.2
抗磨机械油	4			

制备方法

(1) 将茶皂素与二异氰酸酯混合，搅拌均匀后加入天然胶乳，在50～60℃下搅拌混合4～6min；

(2) 将1,4-环己烷二甲醇与烯基琥珀酸酐混合，搅拌均匀；

(3) 将上述处理后的各原料混合，搅拌均匀后加入硬脂酸钙，在70～100℃下搅拌混合6～10min，趁热加入反应釜中，加入100SN基础油，在100～120℃下搅拌混合20～30min，加入防锈剂T705，降低温度到80～90℃，搅拌混合2～3h；

(4) 将反应釜温度降低到50～60℃，加入剩余各原料，不断搅拌至常温，过滤出料。

所述的抗磨机械油的制备方法：

(1) 将蓖麻油酸加入丙三醇中，搅拌条件下滴加体系物料质量1.5%～2%的浓硫酸，滴加完毕后加热到160～170℃，保温反应3～5h，得酯化料；

(2) 取上述硅烷偶联剂KH560质量的30%～40%加入棕榈酸中，搅拌均匀，加入酯化料，在150～160℃下保温反应1～2h，降低温度到85～90℃，加入萜烯树脂，保温搅拌30～40min，得改性萜烯树脂；

(3) 将磷酸二氢锌加入28%氨水中，搅拌混合6～10min，加入混合均匀的硝酸镧与剩余硅烷偶联剂KH560的混合物，搅拌均匀，得稀土氨液；

(4) 将单硬脂酸甘油酯加入机械油中，搅拌均匀后加入上述改性萜烯树脂、稀土氨液，在120～125℃下保温反应20～30min，脱水，将反应釜温度降低到50～60℃，加入T321硫化异丁烯，混合均匀，即得所述抗磨机械油。

产品特性 本产品可以满足钢厂的工艺涂油性和钢板贮存运输中的防锈性，且具有良好的润滑性和脱脂性，特别适用于汽车钢板的防锈处理，成本低，保护性强。

配方169 汽车钢板用防锈油

原料配比

原料	配比(质量份)	原料		配比(质量份)
N68#机械油	70	稀土成膜液压油		20
烯唑醇	2～3	稀土成膜液压油	丙二醇苯醚	15
香樟油	1		明胶	4
棕榈酸钙	3		甘油	2.1
壬基酚聚氧乙烯醚NP-4	0.5		磷酸三甲酚酯	0.4
防锈剂T706	7		硫酸铝铵	0.4
甲基三乙氧基硅烷	1		液压油	110
4,4′-二辛基二苯胺	1		去离子水	105
三盐基硫酸铅	0.2		氢氧化钠	3
聚乙烯蜡	2		硝酸铈	4
环氧化甘油三酸酯	4		十二烯基丁二酸	15
四甲基氢氧化铵	0.4		斯盘-80	0.5

制备方法

(1) 将聚乙烯蜡加热软化，加入环氧化甘油三酸酯，搅拌均匀，得酯化蜡；

(2) 将四甲基氢氧化铵与棕榈酸钙混合，搅拌均匀后加入香樟油、甲基三乙氧基硅烷，升高温度到50～60℃，40～50r/min 搅拌混合 6～10min，加入上述酯化蜡、烯唑醇，搅拌混合均匀；

(3) 将上述处理后的各原料混合，送入反应釜，加入 N68 # 机械油，在110～120℃下搅拌混合 20～30min，加入防锈剂 T706，充分搅拌均匀，脱水，在 80～85℃下搅拌混合 2～3h；

(4) 将反应釜温度降低到 50～60℃，加入剩余各原料，不断搅拌至常温，过滤出料。

所述的稀土成膜液压油的制备方法：

(1) 将磷酸三甲酚酯加入甘油中，搅拌均匀，得醇酯溶液；

(2) 将明胶与上述去离子水质量的 40%～55%混合，搅拌均匀后加入硫酸铝铵，放入 60～70℃的水浴中，加热 10～20min，加入上述醇酯溶液，继续加热 5～7min，取出冷却至常温，加入丙二醇苯醚，40～60r/min 搅拌混合 10～20min，得成膜助剂；

(3) 将十二烯基丁二酸与氢氧化钠混合，搅拌均匀后加入剩余的去离子水中，充分混合，加入硝酸铈，在 60～65℃下保温搅拌 20～30min，得稀土分散液；

(4) 将斯盘-80 加入液压油中，搅拌均匀后加入上述成膜助剂、稀土分散液，在 60～70℃下保温反应 30～40min，脱水，即得所述稀土成膜液压油。

产品特性 本产品不仅具有很好的防锈性，还可以满足汽车厂冲压成型时的润滑性和脱脂性，特别适用于汽车钢板防锈，防护效果好。

配方170 汽车连杆用清洁薄膜防锈油

原料配比

原料		配比(质量份)			
		1#	2#	3#	4#
功能性复合置换防锈剂	油酸	30	30	30	30
	邻苯二甲酸二丁酯	30	30	30	30
	苯并三氮唑(T706)	3	3	3	3
	正丁醇	7	7	7	7
	二环己胺	15	15	15	15
	十八胺	15	15	15	15
功能性复合置换防锈剂		6	6	6	6
150SN 中性基础矿物油		28	27.1	25	21.5
碱性二壬基萘磺酸钡(T705)		3.5	3.5	4	3.2
石油磺酸钡(T701)		3.5	3	2.5	3.8

续表

原料	配比(质量份)			
	1#	2#	3#	4#
石油磺酸钠(T702)	3	2.5	2	2.5
高碱值合成磺酸钙(T106)	0.5	0.5	0.6	1
精制工业羊毛脂	0.5	0.5	0.8	1
乳化剂(S-80)	2	1.5	1.8	2
十二烯基丁二酸(T746)	1.5	1.2	1.5	2
脱臭煤油	16.5	17	19.4	18.8
磷酸三甲酚酯(T306)	0.5	0.5	0.3	1
2,6-二叔丁基对甲酚(T501)	0.2	0.2	0.1	0.2
200#溶剂油	35.3	37.5	37	38

制备方法

(1) 将150SN中性基础矿物油加热至110～120℃，在不断搅拌下分别加入碱性二壬基萘磺酸钡、石油磺酸钡、石油磺酸钠、高碱值合成磺酸钙、精制工业羊毛脂、乳化剂和十二烯基丁二酸，混合搅拌至物料完全溶解。

(2) 待混合物料温度降至60～70℃再加入功能性复合置换防锈剂，搅拌均匀。

(3) 待上述混合物料冷却至40～50℃，在不断搅拌下分别加入2,6-二叔丁基对甲酚、磷酸三甲酚酯，缓慢加入脱臭煤油、200#溶剂油，搅拌30～60min，在15～35℃下静置24h，使油中的金属粉末、泥沙、纤维和水分沉底，排出沉底部分，将其余物料过滤，即得到汽车连杆用清洁薄膜防锈油。所述的过滤用150目不锈钢滤网经油泵常压过滤，过滤后防锈油中杂质含量不大于0.02%。

所述功能性复合置换防锈剂的制备方法：将油酸、邻苯二甲酸二丁酯、苯并三氮唑、正丁醇、二环己胺和十八胺混合，搅拌至物料完全溶解均匀，即得到功能性复合置换防锈剂。

产品应用 本品是一种汽车连杆用清洁薄膜防锈油，用于内燃机关键配件、汽车连杆总成产品的外部油封防锈，也适用于其他精密机械零部件，五金制品的钢、铸铁等黑色金属及铜合金、铝合金等有色金属制品的外部封存防锈保护。

产品特性

(1) 本产品配方合理，与黑色金属和有色金属有良好的适应性，具有耐大气侵蚀、耐潮湿、抗腐蚀能力强、油品运动黏度低、油膜薄（不大于1.5μm)、油膜透明快干呈半软薄膜状、无油感、不粘手、使用时无难闻气味、无污染等优点，防锈期可达一年以上，能满足汽车连杆总成产品的封存防锈技术要求。该防锈油以渗透性强、挥发速度适中的混合溶剂油、脱臭煤油和中性基础矿物油为载体，能有效地将多种防锈缓蚀剂以及功能性复合置换防锈剂融为一体且均匀分布于金属表面和孔隙之间，形成一层附着力良好、致密的保护油膜，有效地抑制置换或减缓了外界各种工业粉尘、人手汗渍、水分和氧等腐蚀性介质直接对金属制品的腐蚀，起到了隔离、置换、防锈协同的良好效果。

(2) 经过喷涂本清洁薄膜防锈油的连杆总成产品，启封时不需清洗就可直接装机使用，简化了操作工序，节省材料，符合节能环保要求，防锈效果良好，完全能满足用户对产品的防锈质量技术要求。

配方171 汽车零部件防锈油

原料配比

原料	配比(质量份)	原料	配比(质量份)
液体石蜡	58	棕榈酸	9
石油磺酸钡	3	纳米二氧化硅	38
苯基三乙氧基硅烷	5	2,6-二叔丁基对甲酚	2.5
三乙醇胺	7	聚甲基丙烯酸酯	2
环烷酸锌	4	磷酸三丁酯	3
十二烯基丁二酸	2	草酸铵	3.5
十二烷基硅酸钠	3	磺基丁二酸钠二辛酯	3
羟基亚乙基二膦酸	6		

制备方法

(1) 按组成原料的质量份量取液体石蜡，加入反应釜中加热搅拌，至120～140℃时加入棕榈酸、草酸铵、环烷酸锌和十二烷基硅酸钠，搅拌反应15～20min；

(2) 在步骤 (1) 的物料中加入石油磺酸钡、苯基三乙氧基硅烷、纳米二氧化硅、2,6-二叔丁基对甲酚、聚甲基丙烯酸酯和磷酸三丁酯，升温至180～200℃，继续搅拌，反应40～50min，冷却至30～35℃；

(3) 在步骤 (2) 的物料中按组成原料的质量份加入其他组成原料，继续搅拌2.5～3.5h过滤，即得成品。

产品应用 本品是一种汽车零部件防锈油，用于汽车零部件的表面防锈及保护装饰作业。

产品特性 本产品以液体石蜡为主料，节能环保，耐腐蚀性好，耐水性好，阻燃性能好，对汽车零部件的附着力强。

配方172 汽车铸铁发动机工件用速干防锈油

原料配比

原料	配比(质量份)	原料	配比(质量份)
120＃汽油	67	脱蜡煤油	10
0＃轻柴油	24	羟乙基亚乙基双硬脂酰胺	2
2402树脂	14	2,6-二叔丁基对甲酚	3
石油磺酸钡	3	亚硫酸氢钠	0.8
工业蓖麻籽油	3	二烷基二硫代磷酸锌	0.8

续表

原料		配比(质量份)	原料		配比(质量份)
太古油		2	成膜助剂	三羟甲基丙烷三丙烯酸酯	5
成膜助剂		10		斯盘-80	0.5
成膜助剂	古马隆树脂	50		脱蜡煤油	26
	甲基丙烯酸甲酯	10		棕榈酸	1
	异丙醇铝	1			

制备方法

(1) 将0#轻柴油与脱蜡煤油混合加入不锈钢容器内，加入2402树脂，搅拌至完全溶解，得预混料；

(2) 将上述120#汽油加入反应釜内，启动搅拌器，控制转速为30r/min，升高反应釜温度到110～120℃，加入工业蓖麻籽油、石油磺酸钡，搅拌混合1～2h，加入预混料和成膜助剂，调节反应釜温度为90～100℃，搅拌混合2～3h，加入剩余各原料，搅拌混合至温度为30～35℃，过滤出料，即得所述汽车铸铁发动机工件用速干防锈油。

所述的成膜助剂的制备方法：

(1) 将上述古马隆树脂加热至75～80℃，加入甲基丙烯酸甲酯，搅拌至常温，加入脱蜡煤油，在60～80℃下搅拌混合30～40min；

(2) 将异丙醇铝与棕榈酸混合，球磨均匀，加入三羟甲基丙烷三丙烯酸酯，在80～85℃下搅拌混合3～5min；

(3) 将上述处理后的各原料混合，加入剩余原料，500～600r/min搅拌分散10～20min，即得所述成膜助剂。

产品特性 本产品成膜速度快，3min内即可在工件表面干透成膜，防锈期达到两年以上，特别适用于汽车铸铁发动机工件用，可以起到很好的防锈保护效果，延长发动机的使用寿命。

配方173 汽车铸铁发动机工件用速干型喷淋防锈油

原料配比

原料	配比(质量份)			原料	配比(质量份)		
	1#	2#	3#		1#	2#	3#
二壬基萘磺酸钡	1	5	3	邻苯二甲酸二丁酯	0.1	1	0.5
叔丁酚甲醛树脂	8	1	5	二甲苯	10	1	5
环烷酸锌	1	4	2	航空煤油	1	10	5
工业蓖麻籽油	2	1	1.5	120#溶剂汽油	加至100	加至100	加至100

制备方法

(1) 将二甲苯和航空煤油装入不锈钢容器内，加入二壬基萘磺酸钡和叔丁酚甲醛树脂，搅拌至全部溶解，备用；

(2) 将 120 # 溶剂汽油加入反应釜中，启动搅拌器，控制转速为 30r/min，将步骤 (1) 所得备用料徐徐加入反应釜中，充分搅拌至均匀溶解加入环烷酸锌、工业蓖麻籽油、邻苯二甲酸二丁酯（每加入一种原料均需搅拌至充分溶解），搅拌至溶液呈棕色透明均匀液体。

产品应用 本品是一种成膜速度快，防锈期长的汽车铸铁发动机工件用速干型喷淋防锈油。

用本产品原液常温喷淋，喷淋压力为 0.08～0.12MPa，喷淋时间为 90s，再经 90s 冷风（压缩空气）吹干即可。

产品特性 本产品是针对铸铁发动机工件设计的，成膜速度快，喷淋后 3min 内即可在工件表面干透成膜，防锈期达到两年以上，延长了发动机的使用寿命。

配方174 乳状防锈油

原料配比

原料	配比(质量份)	原料		配比(质量份)
α-溴代肉桂醛	0.6	乳化剂 OP-10		0.8
辛酸亚锡	0.2	抗剥离机械油		5
蓖麻油酸	0.6	抗剥离机械油	聚乙二醇单甲醚	2
硅酸钾钠	2		2,6-二叔丁基-4-甲基苯酚	0.2
异氰尿酸三缩水甘油酯	1		松香	6
沙棘油	2		聚氨酯丙烯酸酯	1
丙烯醇	2		斯盘-80	3
戊二酸二甲酯	3		硝酸镧	4
8-羟基喹啉	2		机械油	100
斯盘-80	0.4		磷酸二氢锌	10
防锈剂 T706	5		28%氨水	50
30 # 机械油	80		去离子水	30
聚乙烯醇	1		硅烷偶联剂 KH560	0.2
油酸三乙醇胺	2			

制备方法

(1) 将异氰尿酸三缩水甘油酯与丙烯醇混合，在 50～60℃下搅拌 4～7min，加入沙棘油，搅拌至常温；

(2) 将斯盘-80 与油酸三乙醇胺混合，搅拌均匀后加入 30 # 机械油中，搅拌均匀后加入聚乙烯醇，搅拌均匀；

(3) 将上述处理后的各原料混合，搅拌均匀后加入硅酸钾钠、防锈剂 T706，搅拌混合 20～30min，加入反应釜中，在 100～120℃下搅拌混合 20～30min，降低温度到 80～90℃，脱水，搅拌混合 2～3h；

(4) 将反应釜温度降低到 50～60℃，加入剩余各原料，不断搅拌至常温，过滤出料。

所述的抗剥离机械油的制备方法：

（1）将聚乙二醇单甲醚与2,6-二叔丁基-4-甲基苯酚混合加入去离子水中，搅拌均匀，得聚醚分散液；

（2）将松香与聚氨酯丙烯酸酯混合，在75～80℃下搅拌10～15min，得酯化松香；

（3）将磷酸二氢锌加入28%氨水中，搅拌混合6～10min，加入混合均匀的硝酸镧与硅烷偶联剂KH560的混合物，搅拌均匀，得稀土氨液；

（4）将斯盘-80加入机械油中，搅拌均匀后依次加入上述酯化松香、稀土氨液、聚醚分散液，在100～120℃下保温反应20～30min，脱水，即得所述抗剥离机械油。

产品应用 本品是一种乳状防锈油，适用于铸铁的防锈处理。

产品特性 本产品防锈期长、稳定性好、无毒无异味、易成膜、保护时间长。

配方175 软膜防锈油

原料配比

原料	配比（质量份）	原料		配比（质量份）
100SN基础油	70	成膜助剂		2
46#机械油	20	成膜助剂	十二烯基丁二酸	14
松香酸聚氧乙烯酯	3		虫胶树脂	2
癸酸	2		双硬脂酸铝	7
二壬基萘磺酸钡	4		丙二醇甲醚乙酸酯	8
钼酸铵	1		乙二醇单乙醚	0.3
异构十三醇聚氧乙烯醚	0.3		霍霍巴油	0.4
2-正辛基-4-异噻唑啉-3-酮	0.2			

制备方法 将上述松香酸聚氧乙烯酯、二壬基萘磺酸钡与异构十三醇聚氧乙烯醚在100℃下混合40min，加入100SN基础油、46#机械油，升温至120℃，充分搅拌，保温反应20min，然后将温度降至70℃，加入剩余各原料，脱水，保温3h，降温到40℃，充分搅拌后过滤，即得所述软膜防锈油。

所述的成膜助剂的制备方法：将上述双硬脂酸铝加热到80～90℃，加入丙二醇甲醚乙酸酯，充分搅拌后降低温度到60～70℃，加入乙二醇单乙醚，300～400r/min搅拌分散4～6min，得预混料；将上述十二烯基丁二酸与虫胶树脂在80～100℃下混合，搅拌均匀后加入上述预混料中，充分搅拌后，加入霍霍巴油，冷却至常温，即得所述成膜助剂。

产品特性 本产品具有很好的耐候性，抗紫外光老化性强，涂膜稳定，不易变色，不易氧化，对各种金属工件都有很好的保护作用，通用性强。

配方176 润滑防锈油

原料配比

<table>
<tr><th>原料</th><th>配比(质量份)</th><th colspan="2">原料</th><th>配比(质量份)</th></tr>
<tr><td>航空润滑油</td><td>10</td><td colspan="2">成膜机械油</td><td>3</td></tr>
<tr><td>聚氧化丙烯二醇</td><td>2</td><td rowspan="11">成膜
机械油</td><td>去离子水</td><td>60</td></tr>
<tr><td>铬酸二苯胍</td><td>0.6</td><td>十二碳醇酯</td><td>5</td></tr>
<tr><td>香樟油</td><td>3</td><td>季戊四醇油酸酯</td><td>2</td></tr>
<tr><td>微晶蜡</td><td>3</td><td>交联剂 TAIC</td><td>0.2</td></tr>
<tr><td>三盐基硫酸铅</td><td>0.2</td><td>三乙醇胺油酸皂</td><td>2</td></tr>
<tr><td>N68#机械油</td><td>80</td><td>硝酸镧</td><td>3</td></tr>
<tr><td>丙烯酸十三氟辛酯</td><td>2</td><td>机械油</td><td>100</td></tr>
<tr><td>丙烯酸</td><td>2</td><td>磷酸二氢锌</td><td>10</td></tr>
<tr><td>双乙酸钠</td><td>0.5</td><td>28%氨水</td><td>50</td></tr>
<tr><td>8-羟基喹啉</td><td>0.3</td><td>硅烷偶联剂 KH560</td><td>0.2</td></tr>
<tr><td>油酸钾皂</td><td>8</td></tr>
</table>

制备方法

(1) 将油酸钾皂、微晶蜡混合，搅拌均匀后加入丙烯酸十三氟辛酯，在50～60℃下搅拌混合 6～10min；

(2) 将双乙酸钠加入 4～6 倍水中，搅拌均匀后加入聚氧化丙烯二醇、丙烯酸，在 60～70℃下保温搅拌 4～10min；

(3) 将上述处理后的各原料混合，搅拌均匀后加入 8-羟基喹啉，搅拌均匀后加入反应釜中，加入航空润滑油和 N68#机械油，在 100～120℃下搅拌混合 20～30min，加入铬酸二苯胍，降低温度到 80～90℃，脱水，搅拌混合 2～3h；

(4) 将反应釜温度降低到 50～60℃，加入剩余各原料，不断搅拌至常温，过滤出料。

所述的成膜机械油的制备方法：

(1) 取上述三乙醇胺油酸皂质量的 20%～30%加入季戊四醇油酸酯中，在 60～70℃下搅拌混合 30～40min，得乳化油酸酯；

(2) 将十二碳醇酯加入去离子水中，搅拌条件下依次加入乳化油酸酯、交联剂 TAIC，在 73～80℃下搅拌混合 1～2h，得成膜助剂；

(3) 将磷酸二氢锌加入 28%氨水中，搅拌混合 6～10min，加入混合均匀的硝酸镧与硅烷偶联剂 KH560 的混合物，搅拌均匀，得稀土氨液；

(4) 将剩余的三乙醇胺油酸皂加入机械油中，搅拌均匀后加入上述成膜助剂、稀土氨液，在 120～125℃下保温反应 20～30min，脱水，即得所述成膜机械油。

产品应用 本品是一种润滑防锈油，用于金属工件的加工防锈和轴承的防锈。

产品特性 本产品以航空润滑油和机械油为主料，配合各种助剂，可以起到很好的防锈和润滑效果，可以提高金属工件的抗磨性。

配方177 润滑防腐防锈油

原料配比

原料		配比(质量份)	原料		配比(质量份)
150SN 基础油		40	成膜助剂		2
200SN 基础油		10	成膜助剂	干性油醇酸树脂	40
聚丙烯酸酯		2		六甲氧甲基三聚氰胺树脂	3
液体石蜡		6		桂皮油	2
水杨酸		2		聚乙烯吡咯烷酮	2
山梨醇酐单硬脂酸酯		2		N-苯基-2-萘胺	0.3
二烷基二苯胺		2		甲基三乙氧基硅烷	0.2
三[2,4-二叔丁基苯基]亚磷酸酯		0.3			

制备方法 将上述水杨酸与150SN基础油、200SN基础油混合送入调和釜内，加热搅拌均匀，待温度升至70～80℃时，依次加入液体石蜡、山梨醇酐单硬脂酸酯、聚丙烯酸酯、二烷基二苯胺和成膜助剂，在60～70℃下保温搅拌3～4h，当温度冷却至40～50℃时，加入三［2,4-二叔丁基苯基］亚磷酸酯，恒温搅拌2～3h，即得所述润滑防腐防锈油。

所述的成膜助剂的制备方法：将上述干性油醇酸树脂与桂皮油混合，在90～100℃下保温搅拌6～8min，降低温度到55～65℃，加入六甲氧甲基三聚氰胺树脂，充分搅拌后加入甲基三乙氧基硅烷，200～300r/min搅拌分散10～15min，升高温度到130～135℃，加入剩余各原料，保温反应1～3h，冷却至常温，即得所述成膜助剂。

产品应用 本品是一种润滑防锈油，用于各类钢丝、绳索、链条以及其他需要极压润滑和防锈保护的应用场合。

产品特性 本产品具有很好的渗透性和防锈、防腐、抗氧化等性能，能够快速渗入钢丝等表面，降低摩擦，延长使用寿命。

配方178 润滑油型防锈油

原料配比

原料		配比(质量份)	原料		配比(质量份)
N68 # 润滑油		60	异构十三醇聚氧乙烯醚		0.7
叔丁基二苯基氯硅烷		2	成膜助剂		18
蓖麻油酸		2	成膜助剂	古马隆树脂	30
单油酸三乙醇胺酯		5		植酸	2
液化石蜡		3		乙醇	3
石油磺酸钙		6		三乙醇胺油酸皂	0.8
烷基二苯胺		2		N,N-二甲基甲酰胺	1
硬脂酸镁		1		三羟甲基丙烷三丙烯酸酯	5
丙酮		2		120 # 溶剂油	16

制备方法

(1) 将上述单油酸三乙醇胺酯、叔丁基二苯基氯硅烷混合，加入反应釜内，在60～80℃下搅拌混合10～15min，加入蓖麻油酸，充分搅拌后加入异构十三醇聚氧乙烯醚、丙酮，在80～90℃下保温搅拌1～2h；

(2) 加入N68#润滑油，升高温度到100～110℃，搅拌混合1～2h，加入剩余各原料，将反应釜温度降低到50～60℃，脱水，不断搅拌至常温，过滤出料。

所述的成膜助剂的制备方法：

(1) 将上述植酸与N,N-二甲基甲酰胺混合，在50～70℃下搅拌3～5min，加入乙醇，混合均匀；

(2) 将三羟甲基丙烷三丙烯酸酯与120#溶剂油混合，在90～100℃下搅拌40～50min，加入古马隆树脂，降低温度到80～85℃，搅拌混合15～20min；

(3) 将上述处理后的各原料混合，加入剩余各原料，700～800r/min搅拌分散10～20min，即得所述成膜助剂。

产品应用 本品是一种润滑油型防锈油。

产品特性 本产品具有很好的润滑性，防锈效果，耐湿热和耐盐雾性，能长时间对金属制品进行保护，对处于含盐、含二氧化碳等环境中的金属也有一定的防护功能。

配方179 渗透防锈油

原料配比

原料	配比(质量份)	原料	配比(质量份)
石油磺酸钡	5～8	山梨醇酐油酸酯	0.6～0.8
二壬基萘磺酸钡	1～3	32#全损耗系统用油	10～15
十二烯基丁二酸	0.6～1	D70溶剂油	78～79

制备方法 将石油磺酸钡、32#全损耗系统用油加热至100～120℃，同时搅拌2～3h，待石油磺酸钡全部融化，停止加热，再依次加入山梨醇酐油酸酯、十二烯基丁二酸、二壬基萘磺酸钡，混合搅拌15～25min，加入D70溶剂油搅拌1～2h，过滤，出料包装，得棕红色透明防锈油。

产品应用 本品是一种渗透防锈油，广泛应用于机械加工件、模具、线路板、金属冲压件、金属零件等金属物件表面的防锈。

对于一些要求极压性能好的使用场合，可以加入超微颗粒石墨抗磨添加剂，以使其在机器部件上形成一层防锈膜，并镀上一层带润滑性的金属颗粒，可以抗磨损、抗污染以及抗95%以上的酸性物质。

产品特性

(1) 本产品具有强烈的表面活性，能迅速渗入金属加工件缝隙和结合部位，能迅速脱除金属表面的水膜、手汗及杂质等污物，在金属表面形成一层均匀致密的保护膜，能有效地防止有害气体对金属的侵蚀，实现工序间防锈。

（2）本产品能牢固地吸附在金属表面形成保护膜阻止空气、水分或其他腐蚀性介质对金属的侵蚀，对酸性介质有较好的中和、置换原有水分的能力。薄膜分子层可保护金属，避免生锈和腐蚀。

（3）本产品可在工件表面形成具有保护和润滑双重功能的薄膜，除锈、防锈使部件运转自如；不含硅树脂，极易清除，具有耐高温、功效长久的润滑特点，可用于工具、链条、合页铰链、传动机构的润滑，也可用于物体油漆前表面的清洁。

（4）具有超强渗透性和防锈润滑性，能渗透锈层、油漆、水垢和积碳，达到润滑零件、防锈、松解螺栓的作用。能迅速渗透螺钉、螺母、锁具等金属零件以便快速清除工件底部锈斑及污垢并使之运转自如，能迅速渗透至工具难以到达的金属零件部位润滑从而消除机械噪音。

配方180 适用于舰船柴油机的黑色厚浆快干防锈油

原料配比

原料		配比(质量份)			
		1#	2#	3#	4#
多效复合防锈剂	碱性二壬基萘磺酸钡(T705)	30	30	30	30
	环烷酸锌(T704)	20	20	20	20
	十二烯基丁二酸(T746)	15	15	15	15
	邻苯二甲酸二丁酯	15	15	15	15
	苯并三氮唑(T706)	3	3	3	3
	乳化剂(S-80)	15	15	15	15
	2,6-二叔丁基对甲酚(T501)	1	1	1	1
	二甲基硅油(JC-201)	1	1	1	1
多效复合防锈剂		10	10	10	10
150SN 中性基础矿物油		8	6	9	10
120#溶剂油		25	25.5	27	26
丙酮		3	4	3.5	2
石油磺酸钡(T701)		6	8	4.5	5
精制羊毛脂镁皂		5	4	4.5	3.5
10#石油沥青		30	28	27	30
56#半精炼石蜡		5	6	8	7
2#工业凡士林		7	8	6	5
磷酸三甲酚酯(T306)		1	0.5	0.5	0.5

制备方法

（1）将 150SN 中性基础矿物油倒入反应釜中，加入石油磺酸钡、精制羊毛脂镁皂、10 # 石油沥青、56 # 半精炼石蜡和 2 # 工业凡士林，加热至 110～120℃，搅拌至物料完全溶解；

（2）待物料降温至 45～50℃，搅拌下加入多效复合防锈剂和磷酸三甲酚酯，搅拌反应 20min；

（3）加入 120 # 溶剂油和丙酮，搅拌至物料溶解均匀，用网筛过滤掉机械杂质，得到适用于舰船柴油机的黑色厚浆快干防锈油。所述的网筛优选 60 目不锈钢过滤网筛；用网筛过滤能除掉各种原料中夹杂的金属粉末、泥沙、纤维等机械杂质，过滤后防锈油中机械杂质含量不大于 0.15%。

所述多效复合防锈剂的制备方法：

（1）将碱性二壬基萘磺酸钡、环烷酸锌、十二烯基丁二酸、邻苯二甲酸二丁酯和苯并三氮唑混合，加热至 65～75℃，搅拌至物料完全溶解；

（2）待物料降温至 45～55℃，搅拌下再加入乳化剂、2,6-二叔丁基对甲酚和二甲基硅油，搅拌 20～30min 至物料完全溶解均匀，即得到多效复合防锈剂。

产品应用 本品是一种舰船柴油机的黑色厚浆快干防锈油，用于各种船用大型轴系产品的油封防锈，也适宜作为工程机械、矿山机械、冶金、交通、能源等的各种大型精密机械装备及钢、铸铁、铜合金等金属材质零部件的外部防腐蚀保护用油，防锈期可达三年以上。

产品特性

（1）本产品配方合理，与黑色金属和有色金属均有良好的适应性，具有耐海水、耐盐雾、耐潮湿、耐高温（45℃左右）的等特点。涂层油膜自然干燥较快，干燥后厚度一般达 20～30μm，呈半硬膜状态，不粘手，无异味，对人体无毒副作用，不污染环境，防锈期可达三年以上，能满足一般舰船大型轴系柴油机零部件在制造、加工、运输、贮存过程中的油封防锈技术要求。

（2）本产品原料易得并以渗透性强、挥发速度较快的混合溶剂油、丙酮和中性基础矿物油为载体，能有效地将多种防锈缓蚀剂以及多效复合防锈剂、成膜剂融合为一体且均匀分布于金属表面和孔隙之间，形成附着力良好、致密性强、自然快干、呈半硬膜状的保护涂层，有效地抑制置换或减缓了外界各种腐蚀介质（如生产过程的人工汗渍、工业粉尘、酸、碱、盐、水分、氧等）直接对金属制品的腐蚀，起到了隔离、置换、防锈协同一体的良好效果。

（3）经过喷涂或刷涂本产品的舰船大型轴系柴油机零部件启封时，用干布料或废报纸等擦拭去除物件表面上的防护涂层即可，简化了清洗工序，方便实用，节省了材料，符合节能环保要求，防锈效果良好，完全能满足用户对产品在生产制造、运输、贮存等过程中的防锈质量技术要求。

配方181 适用于舰船柴油机的棕色厚浆快干防锈油

原料配比

原料		配比(质量份)			
		1#	2#	3#	4#
多效复合防锈剂	碱性二壬基萘磺酸钡(T705)	30	30	30	30
	环烷酸锌(T704)	20	20	20	20
	十二烯基丁二酸(T746)	15	15	15	15
	邻苯二甲酸二丁酯	15	15	15	15
	苯并三氮唑(T706)	3	3	3	3
	乳化剂(S-80)	15	15	15	15
	2,6-二叔丁基对甲酚(T501)	1	1	1	1
二甲基硅油(JC-201)		1	1	1	1
多效复合防锈剂		10	10	10	10
150SN中性基础矿物油		8	10	12	9
120#溶剂油		25	29.7	33.9	27
丙酮		3	3.5	4	4.5
石油磺酸钡(T701)		6	5.5	5	4
氧化石蜡脂钡皂(T743)		9	7	5	6
精制羊毛脂镁皂		5	4	3.5	3
4001#松香改性酚醛树脂		3	3.5	4	5
56#半精炼石蜡		15	12	10	16
2#工业凡士林		15	14	12	15
磷酸三甲酚酯(T306)		1	0.8	0.6	0.5

制备方法

(1) 将150SN中性基础矿物油倒入搅拌罐中，加入石油磺酸钡、氧化石油脂钡皂、精制羊毛脂镁皂、4001#松香改性酚醛树脂、56#半精炼石蜡、2#工业凡士林，升温至110～120℃，搅拌至物料完全溶解；

(2) 待物料降温至45～55℃后，加入多效复合防锈剂、磷酸三甲酚酯，搅拌反应20min；

(3) 加入120#溶剂油、丙酮，搅拌均匀，用网筛过滤除去机械杂质，得到适用于舰船柴油机的棕色厚浆快干防锈油。所述的网筛过滤是用60目不锈钢过滤网筛在常压下进行过滤，除去防锈油中残留的金属粉末、泥沙、纤维等机械杂质，过滤后防锈油中机械杂质含量小于0.15%。

所述的多效复合防锈剂制备方法：

(1) 将碱性二下基萘磺酸钡、环烷酸锌、十二烯基丁二酸、邻苯二甲酸二丁酯、苯并三氮唑混合，升温至65～75℃，搅拌至物料完全溶解；

(2) 待混合物料温度降至45～55℃后，加入乳化剂、2,6-二叔丁基对甲酚、二甲基硅油，搅拌至物料完全溶解均匀，得到多效复合防锈剂。

产品应用 本品是一种舰船柴油机的棕色厚浆快干防锈油，不仅适用于各种船用大型轴系产品的油封防锈，也适宜作为工程机械、矿山机械、冶金、交通、能源等的各种大型精密机械装备及钢、铸铁、铜合金等金属材质零部件的外部防腐蚀保护用油，防锈期可达三年以上。

产品特性 该防锈油涂覆于舰船大型轴系柴油机零部件表面上自然干燥后，不粘手，其油膜厚度可达20～30，能耐日晒、高温和雨淋，耐盐雾、耐大气侵蚀，具有优异的抗潮湿能力和良好的防锈效果。该防锈油在沥干或启封后，可采用煤油、汽油等石油溶剂擦去金属表面涂层，具有操作简便、对人体无毒害的特点。

配方182 树脂基防尘抗污防锈油

原料配比

原料	配比（质量份）	原料		配比（质量份）
十八碳酰氯	0.7	稀土成膜液压油		14～20
石油磺酸钠	3	稀土成膜液压油	丙二醇苯醚	15
30＃机械油	80		明胶	4
不饱和聚酯树脂	0.8		甘油	2.1
牛脂胺	2		磷酸三甲酚酯	0.4
对羟基苯甲酸甲酯	1～2		硫酸铝铵	0.4
4-氧丁酸甲基酯	2		液压油	110
N,*N*-二(2-氰乙基)甲酰胺	1		去离子水	105
油酸三乙醇胺	3		氢氧化钠	5
8-羟基喹啉	0.6		硝酸铈	3
硬脂酸铝	2		十二烯基丁二酸	15
多异氰酸酯	2		斯盘-80	0.5
钛酸四丁酯	2			

制备方法

（1）将不饱和聚酯树脂与硬脂酸铝混合，搅拌均匀后加入4-氧丁酸甲基酯，在60～70℃下搅拌混合10～20min，与上述30＃机械油质量的30%～40%混合，加入牛脂胺，搅拌均匀；

（2）将石油磺酸钠与8-羟基喹啉混合，在50～60℃下搅拌3～5min；

（3）将上述处理后的各原料与剩余的30＃机械油混合，送入反应釜，在110～120℃下搅拌40～50min，加入钛酸四丁酯，充分搅拌均匀，脱水，在80～85℃下搅拌混合2～3h；

（4）将反应釜温度降低50～60℃，加入剩余各原料，不断搅拌至常温，过滤出料。

所述的稀土成膜液压油的制备方法：

（1）将磷酸三甲酚酯加入甘油中，搅拌均匀，得醇酯溶液；

（2）将明胶与上述去离子水质量的40%～55%混合，搅拌均匀后加入硫酸铝铵，放入60～70℃的水浴中，加热10～20min，加入上述醇酯溶液，继续加热5～7min，取出冷却至常温，加入丙二醇苯醚，40～60r/min搅拌混合10～20min，得成膜助剂；

（3）将十二烯基丁二酸与氢氧化钠混合，搅拌均匀后加入剩余的去离子水中，充分混合，加入硝酸铈，在60～65℃下保温搅拌20～30min，得稀土分散液；

（4）将斯盘-80加入液压油中，搅拌均匀后加入上述成膜助剂、稀土分散液，在60～70℃下保温反应30～40min，脱水，即得所述稀土成膜液压油。

产品特性 本产品加入了不饱和聚酯树脂，可以有效提高黏结强度，提高涂层的抗湿热性、防腐性。本产品抗盐雾性，耐酸、碱性好，不吸灰，防尘抗污性好。

配方183 水洗后用清香型防锈油

原料配比

原料	配比（质量份）
萘烯酸铁	0.5
五氯联苯	0.2
稀土防锈液压油	20
40#机械油	70
丁酸香叶酯	0.5
聚甲基丙烯酸羟乙酯	2
8-羟基喹啉	13
石油磺酸钠	10
石油磺酸钙	2
异丁醇	1
苯乙醇胺	2
乌洛托品	3
二烷基二硫代磷酸锌	2

原料		配比（质量份）
环氧亚麻籽油		10
油酸钾皂		4
稀土防锈液压油	N-乙烯基吡咯烷酮	4
	尼龙酸甲酯	3
	斯盘-80	0.7～2
	十二烯基丁二酸	16
	液压油	110
	三烯丙基异氰尿酸酯	0.5
	去离子水	60～70
	过硫酸钾	0.6
	氢氧化钠	3
	硝酸铈	4

制备方法

（1）将聚甲基丙烯酸羟乙酯与上述40#机械油质量的10%～20%混合，搅拌均匀后加入苯乙醇胺，在60～70℃下保温搅拌混合7～10min，加入环氧亚麻籽油，搅拌至常温；

（2）将萘烯酸铁与乌洛托品混合，搅拌均匀后加入异丁醇、油酸钾皂，在40～50℃下保温混合6～15min；

（3）将上述处理后的各原料混合，送入反应釜，充分搅拌均匀，脱水，在80～85℃下搅拌混合2～3h；

（4）将反应釜温度降低到 50～60℃，加入剩余各原料，不断搅拌至常温，过滤出料。

所述的稀土防锈液压油的制备方法：

（1）将 *N*-乙烯基吡咯烷酮与尼龙酸甲酯混合，在 50～60℃下搅拌 3～10min，得酯化烷酮；

（2）取上述斯盘-80 质量的 70%～80%、去离子水质量的 30%～50%混合，搅拌均匀后加入酯化烷酮、三烯丙基异氰尿酸酯、上述过硫酸钾质量的 60%～70%，搅拌均匀，得烷酮分散液；

（3）将十二烯基丁二酸与氢氧化钠混合，搅拌均匀后加入剩余的去离子水中，充分混合，加入硝酸铈，在 60～65℃下保温搅拌 20～30min，得稀土分散液；

（4）将剩余的斯盘-80、过硫酸钾混合加入液压油中，搅拌均匀后加入上述烷酮分散液、稀土分散液，在 70～80℃下保温反应 3～4h，脱水，即得所述稀土防锈液压油。

产品应用 本品主要用于钢、黄铜、紫铜、铝、镁及镀锌和镀铬等各种金属的防锈。

产品特性 金属零件用水基清洗剂清洗后，使用本防锈油能将残留于零件表面的水膜脱出，并形成防锈膜，可用于钢、黄铜、紫铜、铝、镁及镀锌、镀铬等防锈，且具有香味。

配方184 水洗清洁后用防锈油

原料配比

原料	配比(质量份)		
	1#	2#	3#
石油磺酸钡	2	2.5	3
羊毛脂镁皂	2	1.5	1.8
2-乙基己醇	2	3	2.5
山梨醇酐油酸酯	0.2	0.25	0.1
聚甲基丙烯酸十六酯	0.25	0.2	0.3
磺化羊毛脂钠	1.5	2	2.5
棕榈酸异丙酯	0.1	0.15	0.2
失水山梨醇单油酸酯聚氧乙烯醚	2	3	1.5
失水山梨醇脂肪酸酯	2	4	3
2,6-二叔丁基-4-甲酚	0.2	0.4	0.3
硫酸丁辛醇锌盐	3	2	2.5
十七烯基咪唑啉油酸盐	1	1.5	1.3
十二烯基丁二酸半铝皂	1	1.6	1.4
五氯联苯	0.3	0.4	0.5
N-油酰肌氨酸十八胺盐	1.5	1	0.5
变压器油	加至100	加至100	加至100

制备方法 按照上述原料配比将变压器油加热至130～140℃，加入石油磺酸钡、羊毛脂镁皂、山梨醇酐油酸酯、聚甲基丙烯酸十六酯、磺化羊毛脂钠、失水山梨醇单油酸酯聚氧乙烯醚、失水山梨醇脂肪酸酯、2,6-二叔丁基-4-甲酚、十七烯基咪唑啉油酸盐、十二烯基丁二酸半铝皂、五氯联苯、N-油酰肌氨酸十八胺盐，充分搅拌使其溶解，待其自然冷却到70℃以下加入2-乙基己醇、棕榈酸异丙酯、硫酸丁辛醇锌盐，充分搅拌，待其自然冷却至室温即制成品防锈油。

产品应用 本品是一种水洗后用防锈油，用于钢、黄铜、紫铜、铝、镁及镀锌和镀铬等各种金属防锈。

产品特性 本产品防锈效果好，同时具有优良的润滑性，人汗置换性。人汗洗净性均合格。防锈性钢超过40天，铸铁超过14天；盐雾试验钢片合格；腐蚀试验，180天钢、铜、铝均无锈。本产品在水基清洗剂清洗后残留于零件表面的水膜能够脱出，并形成防锈膜。本产品的各种组分相互协同作用，防锈效果、润滑效果明显优于普通的防锈油，特别适用于水清洗后设备的防锈保护。

配方185 坦克发动机封存防锈油

原料配比

原料	配比(质量份)	
	1#	2#
石油磺酸钡	1～4	4
二壬基萘磺酸钡	1～6	2
十二丁烯基丁二酸	0.1～0.8	0.4
羊毛脂镁皂	1～4	3
二烷基二硫代磷酸锌	1～2	2
硬脂酸铝	1～10	5
聚异丁烯	1～6	3
甲基硅油	0.1～0.6	0.3
航空润滑油(HH-20)	加至100	加至100

制备方法 将航空润滑油加入油品反应釜中，升温到60℃，开动搅拌器控制转速为40r/min，加入石油磺酸钡、二壬基萘磺酸钡、羊毛脂镁皂、十二丁烯基丁二酸、二烷基二硫代磷酸锌、硬脂酸铝、聚异丁烯、甲基硅油（每加一种原料需搅拌30min)，继续搅拌2～4h，待油液温度降到室温时，放料包装。

产品应用 本品是一种可延长坦克发动机封存防锈期的坦克发动机封存防锈油。

产品特性 本产品是针对坦克发动机设计的，可延长坦克发动机封存防锈期(可达两年以上)，继而延长了坦克的使用寿命。

配方186 碳钢材料防锈油

原料配比

原料	配比(质量份)	原料		配比(质量份)
烯基琥珀酸酐	2	成膜机械油		6
导热油	90～100	成膜机械油	去离子水	60
柏油	5		十二碳醇酯	7
肉豆蔻酸钠皂	7		季戊四醇油酸酯	3
苯甲酸钠	2		交联剂 TAIC	0.2
戊二酸二甲酯	1		三乙醇胺油酸皂	2
椰油酸二乙醇酰胺	0.4		硝酸镧	3
顺丁烯二酸二丁酯	2		机械油	90
异辛酸锰	0.3		磷酸二氢锌	10
斯盘-80	1		28%氨水	50
亚磷酸三壬基苯酯	2		硅烷偶联剂 KH560	0.2
磷酸二铵	0.6			

制备方法

(1) 将磷酸二铵、苯甲酸钠、戊二酸二甲酯混合，在 60～70℃下保温搅拌 5～10min，冷却至常温；

(2) 将上述处理后的原料加入反应釜中，加入导热油、柏油，在 100～120℃下搅拌混合 20～30min，加入亚磷酸三壬基苯酯，降低温度到 80～90℃，脱水，搅拌混合 2～3h；

(3) 将反应釜温度降低到 50～60℃，加入剩余各原料，不断搅拌至常温，过滤出料。

所述的成膜机械油的制备方法：

(1) 取上述三乙醇胺油酸皂质量的 20%～30%加入季戊四醇油酸酯中，在 60～70℃下搅拌混合 30～40min，得乳化油酸酯；

(2) 将十二碳醇酯加入去离子水中，搅拌条件下依次加入乳化油酸酯、交联剂 TAIC，在 73～80℃下搅拌混合 1～2h，得成膜助剂；

(3) 将磷酸二氢锌加入 28%氨水中，搅拌混合 6～10min，加入混合均匀的硝酸镧与硅烷偶联剂 KH560 的混合物，搅拌均匀，得稀土氨液；

(4) 将剩余的三乙醇胺油酸皂加入机械油中，搅拌均匀后加入上述成膜助剂、稀土氨液，在 120～125℃下保温反应 20～30min，脱水，即得所述成膜机械油。

产品特性 本产品以导热油为基础油，与各原料复配，科学合理，可以有效提高防锈油与基材的结合力，提高抗剥离强度。碳钢材料经本品处理后，其表面附有一层均质油相防锈层，能在潮湿环境下放置至少一年，保护效果持久。

配方187 铁粉冲压件防锈油

原料配比

原料	配比(质量份)
30 # 机械油	80
四氯对苯二甲酸二甲酯	2
二辛烷基甲基叔胺	0.4
防锈剂 T746	4
二甲苯	0.5
聚四氟乙烯	0.5
富马酸二甲酯	2
苯并三氮唑	2
蓖麻油酸钙	2
液体石蜡	10
乙二醇	3
植酸	0.6
三乙醇胺	1

原料		配比(质量份)
稀土成膜液压油		20
稀土成膜液压油	丙二醇苯醚	15
	明胶	3
	甘油	2.1
	磷酸三甲酚酯	0.4
	硫酸铝铵	0.4
	液压油	110
	去离子水	105
	氢氧化钠	5
	硝酸铈	3
	十二烯基丁二酸	15
	斯盘-80	0.5

制备方法

(1) 将植酸加入液体石蜡中，搅拌均匀后加入富马酸二甲酯，在 70～80℃下搅拌混合 5～10min，得酯化液；

(2) 将聚四氟乙烯与蓖麻油酸钙混合，搅拌均匀，加热到 90～100℃，加入上述酯化液，保温搅拌 30～40min；

(3) 将上述处理后的各原料与 30 # 机械油混合，送入反应釜，在 110～120℃下搅拌 40～50min，加入二甲苯，充分搅拌均匀，脱水，在 80～85℃下搅拌 2～3h；

(4) 将反应釜温度降低到 50～60℃，加入剩余各原料，不断搅拌至常温，过滤出料。

所述的稀土成膜液压油的制备方法：

(1) 将磷酸三甲酚酯加入甘油中，搅拌均匀，得醇酯溶液；

(2) 将明胶与上述去离子水质量的 40%～55%混合，搅拌均匀后加入硫酸铝铵，放入 60～70℃的水浴中，加热 10～20min，加入上述醇酯溶液，继续加热 5～7min，取出冷却至常温，加入丙二醇苯醚，40～60r/min 搅拌混合 10～20min，得成膜助剂；

(3) 将十二烯基丁二酸与氢氧化钠混合，搅拌均匀后加入剩余的去离子水中，充分混合，加入硝酸铈，在 60～65℃下保温搅拌 20～30min，得稀土分散液；

(4) 将斯盘-80 加入液压油中，搅拌均匀后加入上述成膜助剂、稀土分散液，在 60～70℃下保温反应 30～40min，脱水，即得所述稀土成膜液压油。

产品特性 本产品黏度小，沥干速度快，表面光洁不粘手，具有很好的润滑效果，在生产铁粉冲压件时可以浸入冲压件空隙内部，使用方便，节省用料，提高了成品包装速度。

配方188 铁粉冲压件专用防锈油

原料配比

原料	配比(质量份)	原料		配比(质量份)
氟钛酸钾	0.4	斯盘-80		0.6
乳酸钙	1	抗剥离机械油		5
乙酰化羊毛脂	7	抗剥离机械油	聚乙二醇单甲醚	2
叔丁基对二苯酚	0.5		2,6-二叔丁基-4-甲基苯酚	0.2
磷酸三钠	2		松香	6
马来酸二丁酯	1		聚氨酯丙烯酸酯	2
聚偏氟乙烯	3		斯盘-80	3
乙酰柠檬酸三乙酯	2		硝酸镧	4
牛至油	3		机械油	100
150SN 基础油	70		磷酸二氢锌	10
三乙醇胺	0.5		28%氨水	50
中性二壬基萘磺酸钡	7		去离子水	30
癸二酸	2		硅烷偶联剂 KH560	0.2

制备方法

(1) 将磷酸三钠与乳酸钙混合，加入 4～6 倍水中，搅拌均匀后加入氟钛酸钾，在 40～50℃下搅拌混合 5～10min；

(2) 将斯盘-80 加入 150SN 基础油中，搅拌均匀后加入马来酸二丁酯、中性二壬基萘磺酸钡，100～200r/min 搅拌分散 7～10min；

(3) 将上述处理后的各原料混合，搅拌均匀后加入叔丁基对二苯酚，搅拌混合 20～30min 后加入反应釜中，在 100～120℃下搅拌混合 20～30min，加入三乙醇胺，降低温度到 80～90℃，脱水，搅拌混合 2～3h；

(4) 将反应釜温度降低到 50～60℃，加入剩余各原料，不断搅拌至常温，过滤出料。

所述的抗剥离机械油的制备方法：

(1) 将聚乙二醇单甲醚与 2,6-二叔丁基-4-甲基苯酚混合加入去离子水中，搅拌均匀，得聚醚分散液；

(2) 将松香与聚氨酯丙烯酸酯混合，在 75～80℃下搅拌 10～15min，得酯化松香；

(3) 将磷酸二氢锌加入 28%氨水中，搅拌混合 6～10min，加入混合均匀的硝酸镧与硅烷偶联剂 KH560 的混合物，搅拌均匀，得稀土氨液；

(4) 将斯盘-80 加入机械油中，搅拌均匀后依次加入上述酯化松香、稀土氨液、聚醚分散液，在100～120℃下保温反应20～30min，脱水，即得所述抗剥离机械油。

产品特性 本产品黏度小，沥干速度快，表面光洁不粘手，可以有效浸入冲压件空隙内部，起到很好的防锈效果。

配方189 脱水防锈油

原料配比

原料	配比(质量份)	原料		配比(质量份)
灯用煤油	42	成膜助剂	氯丁橡胶CR121	60
150SN基础油	42		EVA树脂(VA含量28%)	30
失水山梨醇脂肪酸酯	5		二甲苯	40
聚乙二醇	4		聚乙烯醇	10
辛基化二苯胺	2		羟乙基亚乙基双硬脂酰胺	1
2-氨乙基十七烯基咪唑啉	1		2-正辛基-4-异噻唑啉-3-酮	4
油酸	2		甲基苯并三氮唑	3
异构十三醇聚氧乙烯醚	2		甲基三乙氧基硅烷	2
成膜助剂	3		十二烷基聚氧乙烯醚	3
硫酸镁	6		过氧化二异丙苯	2
二月桂酸二丁基锡	1		2,5-二甲基-2,5-二(叔丁基过氧化)己烷	0.8
抗氧剂168	2			

制备方法

(1) 将上述灯用煤油、150SN基础油加入反应釜中，搅拌，加热到110～120℃；

(2) 加入上述失水山梨醇脂肪酸酯、辛基化二苯胺，加热搅拌使其溶解；

(3) 加入上述油酸、聚乙二醇、异构十三醇聚氧乙烯醚，连续脱水1～1.5h，降温至55～60℃；

(4) 加入上述二月桂酸二丁基锡，在55～60℃下保温搅拌3～4h；

(5) 加入剩余各原料，充分搅拌，降低温度至35～38℃，过滤出料。

所述的成膜助剂的制备：

(1) 将上述氯丁橡胶CR121加入密炼机内，在70～80℃下单独塑炼10～20min，然后出料冷却至常温；

(2) 将上述EVA树脂、羟乙基亚乙基双硬脂酰胺、2-正辛基-4-异噻唑啉-3-酮、甲基苯并三氮唑、十二烷基聚氧乙烯醚混合，在90～100℃下反应1～2h，加入上述塑炼后的氯丁橡胶，降低温度到80～90℃，继续反应40～50min，再加入剩余各原料，在60～70℃下反应4～5h。

产品特性 本产品不易变色，不易氧化，不影响工件的外观，综合性能优异，具有高的耐盐雾性、耐湿热性、耐老化性等，可清洗性能好。加入的成膜助剂改善了油膜的表面张力，使得喷涂均匀，在金属工件表面铺展性能好，形成的油膜均匀稳定，提高了对金属的保护作用。

配方190 脱水型防锈油

原料配比

原料	配比(质量份)			原料	配比(质量份)		
	1#	2#	3#		1#	2#	3#
精制煤油	25	40	50	无水乙醇	3	6	9
变压器油	10	15	20	石油醚	1	3	5
辛基化二苯胺	2	4	6	苯三唑	2	4	6
异构十三醇聚氧乙烯醚	2	4	6	石油磺酸钡	4	8	12
硫酸镁	4	8	12	二壬基萘磺酸钡	2	3	4
抗氧剂168	2	3	4	苯并三氮唑	2	4	6
羊毛脂镁皂	5	8	10	邻苯二甲酸二丁酯	4	8	12

制备方法 将各组分原料混合均匀即可。

产品应用 本品是一种脱水防锈油，用于零件水洗工艺后的防锈，也可以在零件加工过程中使用。

产品特性

(1) 本产品不易变色，不易氧化，不影响工件的外观，综合性能优异，具有高的耐盐雾性、耐湿热性、耐老化性等，可清洗性能好。

(2) 本产品可有效去除金属零件表面的水分，在零件表面形成很薄的防锈油膜，后序加工可以不去除。

配方191 脱水金属零件防锈油

原料配比

原料	配比(质量份)					
	1#	2#	3#	4#	5#	6#
石油磺酸钡	5	10	15	5	5	8
二壬基萘磺酸钡	1	2	3	2	2	4
苯并三氮唑	0.1	0.1	0.3	0.2	0.2	0.2
邻苯二甲酸二丁酯	4	5	5	3	1	3
十二烯基丁二酸	2	2	1	1	3	2
聚异丁烯	1	2	3	2	2	2
变压器油	3	5	5	4	2	3
航空煤油	加至100	加至100	加至100	加至100	加至100	加至100

制备方法 将各组分原料混合均匀即可。

产品特性

(1) 本产品不含水溶性酸或碱；湿热试验7天内无锈蚀；具有良好的脱水

性，可在短时间内将零件表面的水分脱除、具有良好的防锈性，可保证碳钢零件3个月的短期防锈。

（2）本产品适合于工序间金属零件的防锈，特别是水处理后零件的防锈。本产品的突出特点：具有快速脱水效果，可以快速置换金属零件表面的水膜，在短时间即可将工件表面的水分除尽；具有良好的防锈效果；可适用于工序间钢、铁、铝、镁等金属材料的防锈。

（3）本产品在零件表面形成很薄的防锈油膜，后序加工可以不去除。

配方192 脱水型金属防锈油

原料配比

<table>
<tr><th>原料</th><th>配比（质量份）</th><th colspan="2">原料</th><th>配比（质量份）</th></tr>
<tr><td>航空煤油</td><td>80</td><td colspan="2">成膜助剂</td><td>3</td></tr>
<tr><td>石油磺酸钡</td><td>5～10</td><td colspan="2">1,6-己二异氰酸酯</td><td>0.7</td></tr>
<tr><td>十二烯基丁二酸</td><td>2</td><td rowspan="7">成膜助剂</td><td>古马隆树脂</td><td>50</td></tr>
<tr><td>烷基酚聚氧乙烯醚</td><td>2</td><td>甲基丙烯酸甲酯</td><td>10</td></tr>
<tr><td>金属减活钝化剂 T-561（十二烷基噻二唑）</td><td>0.5</td><td>异丙醇铝</td><td>1</td></tr>
<tr><td>聚异丁烯</td><td>3</td><td>三羟甲基丙烷三丙烯酸酯</td><td>3</td></tr>
<tr><td>二甲基硅油</td><td>0.8</td><td>斯盘-80</td><td>0.5</td></tr>
<tr><td>十二烷基苯磺酸钠</td><td>1</td><td>脱蜡煤油</td><td>26</td></tr>
<tr><td>三乙醇胺</td><td>1.5</td><td>棕榈酸</td><td>2</td></tr>
</table>

制备方法 将上述航空煤油加入反应釜中，搅拌，加热到110～120℃，加入石油磺酸钡，搅拌均匀后加入聚异丁烯、十二烯基丁二酸、十二烷基苯磺酸钠、成膜助剂，连续脱水1～2h，降温至50～60℃，加入烷基酚聚氧乙烯醚，保温搅拌3～5h，加入剩余各原料，降低温度到30～35℃，搅拌均匀，过滤出料。

所述的成膜助剂的制备方法：

（1）将上述古马隆树脂加热到75～80℃，加入甲基丙烯酸甲酯，搅拌至常温，加入脱蜡煤油，在60～80℃下搅拌混合30～40min；

（2）将异丙醇铝与棕榈酸混合，球磨均匀，加入三羟甲基丙烷三丙烯酸酯，在80～85℃下搅拌混合3～5min；

（3）将上述处理后的各原料混合，加入剩余原料，500～600r/min搅拌分散10～20min，即得所述成膜助剂。

产品应用 本品主要用于工序间钢、铁、铝、镁等金属材料的防锈。

产品特性 本产品适合于工序间金属零件的防锈，特别是水处理后零件的防锈，在短时间即可将工件表面的水分除尽，具有良好的防锈效果。

配方193 乌洛托品气相缓释防锈油

原料配比

原料	配比（质量份）		原料	配比（质量份）
120#溶剂油	150	成膜树脂	十二烷基醚硫酸钠	4
二茂铁	1.5		液化石蜡	16
聚异丁烯	2.5		3-氨丙基三甲氧基硅烷	4
癸二酸钠	2		三乙烯二胺	13
苯甲酸乙醇胺	2		环氧大豆油	12
苯并三氮唑	1		二甲苯	14
2-氨乙基十七烯基咪唑啉	2		交联剂 TAIC	7
乌洛托品	3		松香	4
1-羟基苯并三氮唑	4		锌粉	3
十二烷基苯磺酸钠	5	改性凹凸棒土	凹凸棒土	100
二烷基二硫代磷酸锌	4		15%～20%双氧水	适量
二甲基硅油	6		去离子水	适量
马来酸二辛酯	14		氢氧化铝粉	1～2
成膜树脂	6		钼酸钠	2～3
改性凹凸棒土	1		交联剂 TAC	1～2

制备方法 首先制备成膜树脂和改性凹凸棒土，然后按配方要求将各种成分在80～90℃下混合搅拌30～40min，冷却后过滤即可。

所述的成膜树脂按以下步骤制成：

（1）将十二烷基醚硫酸钠、液化石蜡、3-氨丙基三甲氧基硅烷、三乙烯二胺、环氧大豆油、二甲苯、交联剂TAIC加入不锈钢反应釜中，升温至110℃±5℃，开动搅拌加入松香、锌粉；

（2）以30～40℃/h的速率升温到205℃±2℃；

（3）当酸值（以KOH计）达到15mg/g以上时停止加热，放至稀释釜；

（4）冷却到70℃±5℃搅匀得到成膜树脂。

所述的改性凹凸棒土按以下步骤制成：

（1）凹凸棒土用15%～20%双氧水泡2～3h后，再用去离了水洗涤至中性，烘干；

（2）在凹凸棒土中，加入氢氧化铝粉、钼酸钠、交联剂TAC，高速（4500～4800r/min）搅拌20～30min，烘干粉碎成500～600目粉末。

产品应用 本品是一种气相防锈油，用于武器装备和民用金属材料的长期防锈，主要用于密闭内腔系统，对各种金属多有防锈功能。

产品特性

（1）本产品既具有接触性防锈特性，又具有气相防锈性能，对炮钢、A3钢、45#钢、20#钢、黄铜、镀锌、镀铬等多种金属具有防锈作用。

（2）该气相防锈油可以广泛应用于机械设备等内腔以及其他接触或非接触的金属部位的防锈。

配方194 无钡静电喷涂防锈油

原料配比

原料	配比（质量份）	原料		配比（质量份）
T405硫化烯烃棉籽油	10	抗剥离机械油		6
150SN基础油	80	抗剥离机械油	聚乙二醇单甲醚	3
脂肪醇聚氧乙烯醚	2		2,6-二叔丁基-4-甲基苯酚	0.2
1-甲基戊醇	0.4		松香	6
棕榈蜡	3		聚氨酯丙烯酸酯	1
偏苯三酸酯	3		斯盘-80	3
二甲氨基丙胺	0.6		硝酸镧	3～4
偏硼酸铵	0.7		机械油	100
氯化石蜡	4		磷酸二氢锌	10
琥珀酸二甲酯	1		28%氨水	50
2-巯基苯并咪唑	0.6		去离子水	30
硫酸铝	2		硅烷偶联剂KH560	0.2

制备方法

（1）将脂肪醇聚氧乙烯醚加入150SN基础油中，搅拌均匀后加入偏苯三酸酯、二甲氨基丙胺，在60～70℃下保温搅拌10～20min；

（2）将硫酸铝与偏硼酸铵混合，搅拌均匀后加入棕榈蜡，在50～60℃下搅拌混合5～10min；

（3）将上述处理后的各原料混合，搅拌均匀后加入T405硫化烯烃棉籽油，搅拌均匀，加入反应釜中，在100～120℃下搅拌混合20～30min，加入琥珀酸二甲酯，降低温度到80～90℃，脱水，搅拌混合2～3h；

（4）将反应釜温度降低到50～60℃，加入剩余各原料，不断搅拌至常温，过滤出料。

所述的抗剥离机械油的制备方法：

（1）将聚乙二醇单甲醚与2,6-二叔丁基-4-甲基苯酚混合加入去离子水中，搅拌均匀，得聚醚分散液；

（2）将松香与聚氨酯丙烯酸酯混合，在75～80℃下搅拌10～15min，得酯化松香；

（3）将磷酸二氢锌加入28%氨水中，搅拌混合6～10min，加入混合均匀的硝酸镧与硅烷偶联剂KH560的混合物，搅拌均匀，得稀土氨液；

（4）将斯盘-80加入机械油中，搅拌均匀后依次加入上述酯化松香、稀土氨液、聚醚分散液，在100～120℃下保温反应20～30min，脱水，即得所述抗剥离机械油。

产品应用 本品主要用于冷轧钢板的静电喷涂防锈处理。

产品特性 本产品成本低廉、操作简便、易于施工、使用效果好，特别适用于冷轧钢板的静电喷涂防锈处理，不含钡，环保性好，可以有效在金属表层形成稳定的覆盖膜，起到良好的防锈效果。

配方195 无钡静电喷涂金属防锈油

原料配比

<table>
<tr><th>原料</th><th>配比（质量份）</th><th colspan="2">原料</th><th>配比（质量份）</th></tr>
<tr><td>稀土防锈液压油</td><td>20</td><td colspan="2">烯丙基硫脲</td><td>0.4</td></tr>
<tr><td>20#机械油</td><td>80</td><td rowspan="10">稀土防锈液压油</td><td>N-乙烯基吡咯烷酮</td><td>3</td></tr>
<tr><td>四氯对苯二甲酸二甲酯</td><td>3</td><td>尼龙酸甲酯</td><td>2</td></tr>
<tr><td>沥青</td><td>3</td><td>斯盘-80</td><td>0.7</td></tr>
<tr><td>N,N-二(2-氰乙基)甲酰胺</td><td>2</td><td>十二烯基丁二酸</td><td>16</td></tr>
<tr><td>硬脂酸聚氧乙烯酯</td><td>2</td><td>液压油</td><td>110</td></tr>
<tr><td>失水山梨醇脂肪酸酯</td><td>1</td><td>三烯丙基异氰尿酸酯</td><td>0.5</td></tr>
<tr><td>甲基苯并三氮唑</td><td>1</td><td>去离子水</td><td>70</td></tr>
<tr><td>环烷酸锌</td><td>0.5</td><td>过硫酸钾</td><td>0.6</td></tr>
<tr><td>五氯酚钠</td><td>3</td><td>氢氧化钠</td><td>3</td></tr>
<tr><td>硫酸亚锡</td><td>0.3</td><td>硝酸铈</td><td>4</td></tr>
</table>

制备方法

（1）将上述失水山梨醇脂肪酸酯加入20#机械油中，在70～80℃下预热混合4～10min；

（2）将硬脂酸聚氧乙烯酯与沥青混合，在50～60℃下搅拌10～20min，加入硫酸亚锡、甲基苯并三氮唑，搅拌至常温；

（3）将上述处理后的各原料混合，送入反应釜，充分搅拌均匀，脱水，在80～85℃下搅拌混合2～3h；

（4）将反应釜温度降低到50～60℃，加入剩余各原料，不断搅拌至常温，过滤出料。

所述的稀土防锈液压油的制备方法：

（1）将N-乙烯基吡咯烷酮与尼龙酸甲酯混合，在50～60℃下搅拌3～10min，得酯化烷酮；

（2）取上述斯盘-80质量的70%～80%、去离子水质量的30%～50%混合，搅拌均匀后加入酯化烷酮、三烯丙基异氰尿酸酯、上述过硫酸钾质量的60%～70%，搅拌均匀，得烷酮分散液；

（3）将十二烯基丁二酸与氢氧化钠混合，搅拌均匀后加入剩余的去离子水中，充分混合，加入硝酸铈，在60～65℃下保温搅拌20～30min，得稀土分散液；

（4）将剩余的斯盘-80、过硫酸钾混合加入液压油中，搅拌均匀后加入上述烷酮分散液、稀土分散液，在70～80℃下保温反应3～4h，脱水，即得所述稀土防锈液压油。

产品特性 本产品无强烈刺激性气味，不含钡及磺酸盐，健康环保，具有优良的防锈缓蚀性，性能稳定，能在金属表面形成非常薄的覆盖层，隔绝了腐蚀介质。

配方196 以苯乙酮为基础油的防锈油

原料配比

原料	配比（质量份）
苯乙酮	80
苯甲酸单乙醇胺	3.0
成膜剂	4.5
异丙基二油酸酰氧基（二辛基磷酸酰氧基）钛酸酯	7.0
双十四碳醇酯	0.95
二甲基硅油	6.8
纳米陶瓷粉体	5.0
200＃溶剂油	9.5
甲乙酮	5.0

原料		配比（质量份）
三丁甲基乙醚		15
邻苯二甲酸二丁酯		8.0
成膜剂	200＃溶剂油	18
	二甲苯	3.5
	乙二醇二缩水甘油醚	3
	E-12环氧树脂	8
	苯乙烯	15
	2,6-二叔丁基对甲酚	1.5
	乙烯基三甲氧基硅烷	2
	交联剂TAIC	1.8

制备方法

（1）按组成原料的质量份量取苯乙酮，加入反应釜中加热搅拌，至120～135℃时加入三丁甲基乙醚，反应18～25min；

（2）在步骤（1）的物料中加入成膜剂、双十四碳醇酯和200＃溶剂油，继续搅拌，冷却至28～35℃；

（3）在步骤（2）的物料中按组成原料的质量份加入其他组成原料，继续搅拌1.5～3.5h过滤，即得成品。

所述的成膜剂的制备方法如下：

（1）将200＃溶剂油、二甲苯、乙二醇二缩水甘油醚、E-12环氧树脂混合加入反应釜中，在70～110℃下反应2～3h；

（2）在步骤（1）的反应釜中加入苯乙烯、2,6二叔丁基对甲酚、乙烯基三甲氧基硅烷、交联剂 TAIC，搅拌混合，在 50～80℃下反应 3～5h，即得成膜助剂。

产品特性 本产品在金属表面的附着力好、干燥快，耐盐雾性能好，环保无污染。以苯乙酮为基础油，并添加了成膜剂，成膜速度快，表面不易氧化，不影响工件的外观，综合性能好，而且制备方法简单，成本低，适合大规模生产。

配方197 以丙二醇丁醚为基础油的防锈油

原料配比

原料	配比（质量份）	原料		配比（质量份）
丙二醇丁醚	85	邻苯二甲酸二丁酯		16
二亚乙基三胺	1.2	成膜剂	三丁甲基乙醚	22
成膜剂	8.5		二甲苯	4.5
过氧化二异丙苯	1.2		乙二醇二缩水甘油醚	3.0
间苯二酚	0.5		E-12 环氧树脂	8
硬脂酸单甘油酯	4.8		苯乙烯	18
纳米陶瓷粉体	4.5		2,6-二叔丁基对甲酚	1.3
柠檬酸三丁酯	5.0		乙烯基三甲氧基硅烷	2
乙酸乙酯	2.5		交联剂 TAIC	1.8
二甲基硅油	20			

制备方法

（1）按组成原料的质量份量取丙二醇丁醚，加入反应釜中加热搅拌，至108～115℃时加入二甲基硅油，反应 23～28min；

（2）在步骤（1）的物料中加入成膜剂、间苯二酚和柠檬酸三丁酯，继续搅拌，冷却至 30～35℃；

（3）在步骤（2）的物料中按组成原料的质量份加入其他组成原料，继续搅拌 4～5h 过滤，即得成品。

所述的成膜剂的制备方法如下：

（1）将三丁甲基乙醚、二甲苯、乙二醇二缩水甘油醚、E-12 环氧树脂混合加入反应釜中，在 70～110℃下反应 2～3h；

（2）在步骤（1）的反应釜中加入苯乙烯、2,6-二叔丁基对甲酚、乙烯基三甲氧基硅烷、交联剂 TAIC，搅拌混合，在 50～80℃下反应 3～5h，即得成膜剂。

产品特性 本产品在金属表面的附着力好、干燥快，耐盐雾性能好，环保无污染。以丙二醇丁醚为基础油，并添加了成膜剂，成膜速度快，表面不易氧化，不影响工件的外观，综合性能好，而且制备方法简单，成本低，适合大规模生产。

配方198 以甲基苯基硅油为基础油的防锈油

原料配比

原料	配比(质量份)	原料		配比(质量份)
甲基苯基硅油	82	邻苯二甲酸二丁酯		12
六次甲基四胺	1.8	成膜剂	乙酸乙酯	20
成膜剂	7.0		二甲苯	4
交联剂 TAC	3.8		乙二醇二缩水甘油醚	2.5
二苯胺	1.8		E-12 环氧树脂	10
二甲苯	3.5		苯乙烯	17
纳米陶瓷粉体	4.0		2,6-二叔丁基对甲酚	1.4
乙酸乙酯	7.0		乙烯基三甲氧基硅烷	1.5
二甲基硅油	6.5		交联剂 TAIC	1.6
顺丁烯二酸酐	7.0			

制备方法

(1) 按组成原料的质量份量取甲基苯基硅油，加入反应釜中加热搅拌，至110～130℃时加入顺丁烯二酸酐，反应30～35min；

(2) 在步骤(1)的物料中加入成膜剂、交联剂TAC和乙酸乙酯，继续搅拌，冷却至25～30℃；

(3) 在步骤(2)的物料中按组成原料的质量份加入其他组成原料，继续搅拌3.0～3.5h过滤，即得成品。

成膜剂的制备方法如下：

(1) 将乙酸乙酯、二甲苯、乙二醇二缩水甘油醚、E-12环氧树脂混合加入反应釜中，在70～110℃下反应2～3h；

(2) 在步骤(1)的反应釜中加入苯乙烯、2,6二叔丁基对甲酚、乙烯基三甲氧基硅烷、交联剂TAIC，搅拌混合，在50～80℃下反应3～5h，即得成膜剂。

产品特性 本产品在金属表面的附着力好、干燥快，耐盐雾性能好，环保无污染。以甲基苯基硅油为基础油，并添加了成膜剂，成膜速度快，表面不易氧化，不影响工件的外观，综合性能好，而且制备方法简单，成本低，适合大规模生产。

配方199 以桐油为基础油的防锈油

原料配比

原料	配比(质量份)	原料	配比(质量份)
桐油	82	苯胺甲基三乙氧基硅烷	1.4
环烷酸锌	5.0	抗氧剂1035	0.6
成膜剂	8.5	黄油	3.5

续表

原料		配比(质量份)	原料		配比(质量份)
纳米陶瓷粉体		2.0	成膜剂	乙二醇二缩水甘油醚	3.0
乙酸乙酯		4.5		E-12 环氧树脂	8
苯甲醚		4.5		顺丁烯二酸酐	18
二乙二醇单乙醚		13		乙酸乙酯	1.5
邻苯二甲酸二丁酯		15		乙烯基三甲氧基硅烷	1
成膜剂	苯乙烯	18		交联剂 TAIC	1.8
	二甲苯	4.5			

制备方法

(1) 按组成原料的质量份量取桐油，加入反应釜中加热搅拌，至130～140℃时加入二乙二醇单乙醚，反应18～25min；

(2) 在步骤(1)的物料中加入成膜剂、抗氧剂1035和乙酸乙酯，继续搅拌，冷却至23～28℃；

(3) 在步骤(2)的物料中按组成原料的质量份加入其他组成原料，继续搅拌2.0～3.5h过滤，即得成品。

所述的成膜剂的制备方法如下：

(1) 将苯乙烯、二甲苯、乙二醇二缩水甘油醚、E-12环氧树脂混合加入反应釜中，在70～110℃下反应2～3h；

(2) 在步骤(1)的反应釜中加入顺丁烯二酸酐、乙酸乙酯、乙烯基三甲氧基硅烷、交联剂TAIC，搅拌混合，在50～80℃下反应3～5h，即得成膜剂。

产品特性 本产品在金属表面的附着力好、干燥快，耐盐雾性能好，环保无污染。以桐油为基础油，并添加了成膜剂，成膜速度快，表面不易氧化，不影响工件的外观，综合性能好，而且制备方法简单，成本低，适合大规模生产。

配方200 抑菌型防锈油

原料配比

原料	配比(质量份)	原料		配比(质量份)
脱蜡煤油	60	防锈助剂		5
羟乙基亚乙基双硬脂酰胺	2	抗氧剂168		0.3
2-正辛基-4-异噻唑啉-3-酮	0.7	防锈助剂	古马隆树脂	30
3-巯基丙酸	0.5		四氢糠醇	4
十四烷基二甲基苄基氯化铵	0.2		乙酰丙酮锌	0.6
聚甘油脂肪酸酯	3		十二烯基丁二酸半酯	5
石油磺酸钙	3		150SN 基础油	19
失水山梨醇脂肪酸酯	0.3		三羟甲基丙烷三丙烯酸酯	2

制备方法

(1) 将上述羟乙基亚乙基双硬脂酰胺、十四烷基二甲基苄基氯化铵、石油磺酸钙混合，在80～100℃下保温搅拌1～2h；

（2）加入3-巯基丙酸、2-正辛基-4-异噻唑啉-3-酮，继续搅拌混合1～2h；

（3）加入剩余各原料，搅拌均匀，脱水，降低温度到30～40℃，过滤出料。

所述的防锈助剂的制备方法：

（1）将上述古马隆树脂加热到75～80℃，加入乙酰丙酮锌，搅拌混合10～15min，加入四氢糠醇，搅拌至常温；

（2）将150SN基础油质量的30%～40%与十二烯基丁二酸半酯混合，在100～110℃下搅拌1～2h；

（3）将上述处理后的各原料混合，加入剩余各原料，100～200r/min搅拌分散30～50min，即得所述防锈助剂。

产品应用　本品是一种抑菌型防锈油。

产品特性　本产品加入的2-正辛基-4-异噻唑啉-3-酮、十四烷基二甲基苄基氯化铵等都具有很好的抑菌效果，可以减少对细菌的吸附，降低对油膜的伤害，延长防锈油的使用寿命。

参考文献

中国专利公告
CN 201610454497.3
CN 201610426044.X
CN 201610414595.4
CN 201610251708.3
CN 201610251930.3
CN 201610251932.2
CN 201610235118.1
CN 201610228463.2
CN 201510987457.0
CN 201510987473.X
CN 201510966674.1
CN 201510948940.8
CN 201510948939.5
CN 201510927737.2
CN 201510878427.6
CN 201510843924.2
CN 201510843941.6
CN 201510844050.2
CN 201510825055.0
CN 201510748162.8
CN 201510742888.0
CN 201410591456.X
CN 201410591561.3
CN 201410154833.3
CN 201510043441.4
CN 201810665738.8
CN 201810650090.7
CN 201810643981.X
CN 201810564155.6
CN 201810525707.2
CN 201810515491.1
CN 201810494310.1
CN 201810475058.X
CN 201810453582.7
CN 201810379708.0
CN 201810329156.2
CN 201810116779.1
CN 201711477326.3
CN 201711480236.X
CN 201711488650.5
CN 201711452248.1
CN 201711436478.9
CN 201711436874.1
CN 201711341048.9
CN 201711306245.7
CN 201711265824.1
CN 201711131854.3
CN 201711061042.6
CN 201711040738.0
CN 201710983383.2
CN 201710949764.9
CN 201710866826.X
CN 201710866422.0
CN 201710793950.8
CN 201710784843.9
CN 201710695012.4
CN 201710670215.8
CN 201710567633.4
CN 201710564593.8
CN 201710535500.9
CN 201710530350.2
CN 201410627607.2
CN 201410171305.9
CN 201110192323.1
CN 201410219042.4
CN 201510043243.8
CN 201410591553.9
CN 201510043511.6
CN 201410627484.2
CN 201410745766.2
CN 201410591562.8
CN 201410591552.4
CN 201410590484.X
CN 201510043495.0
CN 201410171126.5
CN 201410155468.8
CN 201410591467.8
CN 201410627569.0
CN 201410688365.8
CN 201410466508.0
CN 201410548641.0
CN 201410779867.1
CN 201410779982.9
CN 201410783507.9
CN 201410745665.5
CN 201410639423.8
CN 201410591522.3
CN 201410591600.X
CN 201410591454.0
CN 201410591524.2
CN 201510043435.9
CN 201410155753.X
CN 201410745769.6
CN 201410591535.0
CN 201410155760.X
CN 201410155751.0
CN 201410591534.6
CN 201410746769.8
CN 201410171090.0
CN 201410627600.0
CN 201410155752.5
CN 201410154856.4
CN 201410745691.8
CN 201410154873.8
CN 201510043367.6
CN 201410745684.8
CN 201410155467.3
CN 201410591471.4
CN 201310362718.0
CN 201410154872.3
CN 201410171060.X
CN 201410745736.1
CN 201911097000.7
CN 201911082782.7
CN 201910969023.6
CN 201910932064.8
CN 201910781149.0
CN 201910772542.3
CN 201910491842.4

CN 201910473004. 4
CN 201910441299. 7
CN 201910336328. 3
CN 201910228249. 0
CN 201910072286. 7
CN 201910058941. 3
CN 201811636435. X
CN 201811585822. 5
CN 201811546107. 0
CN 201811433660. 3
CN 201811439788. 0
CN 201811370050. 3
CN 201811349697. 8
CN 201811346955. 7
CN 201811346963. 1
CN 201811222525. 4
CN 201811209530. 1
CN 201811134906. 7
CN 201810927208. 6
CN 201810924273. 3
CN 201810924132. 1
CN 201810885952. 4
CN 201810886599. 1
CN 201810877028. 1
CN 201810856603. X
CN 201410626790. 4
CN 201410626813. 1
CN 201410626859. 3
CN 201410154824. 4
CN 201310361605. 9
CN 201410155474. 3
CN 201410155754. 4
CN 201410746698. 1
CN 201510043285. 1
CN 201410627511. 6
CN 201410590264. 7
CN 201410154834. 8
CN 201710352611. 6
CN 201710352613. 5
CN 201710288105. 5
CN 201710277904. 2
CN 201780020968. 2
CN 201710159722. 5
CN 201710059069. 5
CN 201611208041. 5
CN 201611166747. X
CN 201611139467. X
CN 201611133959. 8
CN 201611105601. 4
CN 201610989835. 3
CN 201610983598. X
CN 201610981220. 6
CN 201610948923. 9
CN 201610939588. 6
CN 201610954645. 8
CN 201610892962. 1
CN 201610887982. X
CN 201610870519. 4
CN 201610833620. 2
CN 201610805649. X
CN 201610781635. 9
CN 201610782239. 8
CN 201610722587. 6
CN 201610708878. X
CN 201610679532. 1
CN 201610680031. 5
CN 201610679531. 7
CN 201610682944. 0
CN 201610681022. 8
CN 201610681021. 3
CN 201610683235. 4
CN 201610632197. X
CN 201610609463. 7
CN 201610566479. 4
CN 201610563335. 3
CN 201610529904. 2
CN 201610522495. 3
CN 201610488348. 9
CN 201610490632. X
CN 201610489551. 8
CN 201610495995. 2